国家级一流本科专业建设点配套教材 · 数字媒体艺术专业系列

高等院校艺术与设计类专业“互联网+”创新规划教材

UI用户界面设计

User Interface Design

赵 璐 丛书主编

郭 森 佟佳妮 编 著

内 容 简 介

本书是一本围绕UI用户界面设计而展开的理论与实践教材，在借鉴国内外界面设计前沿理念和实践成果的基础上，依托编著者近年来本科课程教学和实践经验编著而成。全书共六章，依次讲解了界面设计与用户体验设计、界面设计的“路径”探索、界面设计的“语境”营造、用户体验的建立、网络时代下的用户体验设计、设计师的创新“舞台”内容。本书的讲解能够帮助读者从理论、方法和实践三个方面深入理解UI用户界面设计。

本书既可作为高等院校数字媒体艺术专业及相关设计类专业的教学用书，也可作为行业爱好者的自学辅导用书。

图书在版编目（CIP）数据

UI用户界面设计 / 郭森，佟佳妮编著．—北京：北京大学出版社，2023.9

高等院校艺术与设计类专业“互联网+”创新规划教材

ISBN 978-7-301-34492-7

Ⅰ．①U… Ⅱ．①郭… ②佟… Ⅲ．①人机界面—程序—设计—高等学校—教材
Ⅳ．①TP311.1

中国国家版本馆CIP数据核字（2023）第179378号

书　　名 UI用户界面设计
UI YONGHU JIEMIAN SHEJI
著作责任者 郭　森　佟佳妮　编著
策划编辑 孙　明　蔡华兵
责任编辑 孙　明
数字编辑 金常伟
标准书号 ISBN 978-7-301-34492-7
出版发行 北京大学出版社
地　　址 北京市海淀区成府路205号　100871
网　　址 http://www.pup.cn　新浪微博：@北京大学出版社
电子邮箱 编辑部pup6@pup.cn　总编室zpup@pup.cn
电　　话 邮购部010-62752015　发行部010-62750672　编辑部010-62750667
印 刷 者 北京宏伟双华印刷有限公司
经 销 者 新华书店
889毫米×1194毫米　16开本　11印张　332千字
2023年9月第1版　2023年9月第1次印刷
定　　价 69.00元

前言

计算机与互联网技术的飞速发展，让人们的生活方式发生了巨大的变化。人机交流正在不同程度上取代人与人的交流，而界面正是构建人机交流的桥梁。用户界面设计作为引导用户使用产品的重要“面孔”，已逐渐成为设计学科等多个领域的重点研究课题。近年来，随着我国文化创意产业的迅猛发展，社会对数字化人才的需求量不断增多，国内许多高等院校纷纷开设数字媒体艺术相关专业，“UI 用户界面设计”作为此领域的重点教学内容，逐渐成为高等院校人机交互、用户体验、产品设计、游戏设计、信息设计等专业的基础必修课程。

“UI 用户界面设计”课程是鲁迅美术学院数字媒体艺术专业本科必修课，受到了学生的欢迎和喜爱。新文科的提出为课程的建设和发展指明了方向，也推动了课程体系的不断深化和完善。本书在借鉴国内外界面设计前沿理念和实践成果的基础上，依托多年来课程教学内容和实践经验，对 UI 用户界面设计进行了全面而详细的介绍。全书共六章，第 1 章从界面和界面设计的基本概念入手，阐述了界面设计的发展历史、基本原则和用户体验下的界面设计等内容。第 2 章主要围绕用户界面设计的方法进行讲述，重点从用户角色、信息架构、原型设计、测试反馈和界面传达五个维度，阐述了界面设计的方法和路径，帮助读者快速建立用户思维，展开设计研究。第 3 章围绕用户界面的设计要素：网格布局、字体编排、屏幕色彩、图标和图像、动态特效五个方面，探讨“以用户为中心”的界面设计原则和不同应用领域下的界面设计与表现。第 4 章主要介绍用户体验在用户界面设计中的重要作用及如何进行用户体验设计。第 5 章基于用户体验要素阐述如何在界面设计中进行有效的视觉设计、导航设计、信息设计、交互设计和信息架构、功能设计，以及产品目标和用户需求等。第 6 章是设计启发单元，汇集了大量经典和优秀的用户界面设计案例，供读者学习和赏析。

本书作为高等院校数字媒体艺术专业人才培养的教材，特色主要体现在以下三个方面：

一、强调“人文为本、科技为用、艺术为法”的教学理念，以建立创新思维模式、培养高水平应用能力为目标，从知识、技能、能力、素养四个方面切入专业教学和实践中。党的二十大报告指出：“必须坚持科技是第一生产力、人才是第一资源、创新是第一动力。”本书通过“理论导入—方法构建—技能训练—内容整合”四个维度，由浅入深地对用户界面设计进行全面的梳理，以及通过“设计思维 + 视觉实践”的教学方法，鼓励学生成为具有创新意识和前瞻视野、掌握系统化专业知识和技能、具备为社会服务的理念和责任感的全链路用户界面设计师。

二、围绕立德树人的根本任务，实践“艺术 + 思政”教学模式，本书紧贴信息时代特点和教学发展趋势，融入思政元素，将“红色经典”“鲁艺精神”“建党百年”“中华文化传统”等主题内容贯穿到课堂教学中，鼓励学生以美为媒，实现专业教育与德育、美育的深度融合。书中部分实例是近年来所创作的主题性作品（课堂作业），注重从价值塑造、知识传授和能力培养三个方面实现育人效果的最大化。

三、在媒体融合趋势下，本书利用信息化手段构建教学资源共享，除了传统的文字和图片，读者还可以通过扫描书中嵌入的二维码访问相应的网络教学资源，通过音频、视频、演示动画等内容更加深入、多元、立体化地学习书中内容。

系列图书由鲁迅美术学院副院长赵璐教授担任丛书主编，本书由鲁迅美术学院中英数字媒体（数字媒体）艺术学院专业教师郭森、佟佳妮编著。编著者本着公开教育资源、深化教育教学改革创新这一宗旨，结合十余年教学所得，经过几番修正改进，梳理出关于 UI 用户界面设计的方法和经验，希望与更多的专业学习者和爱好者分享自己的课程教学内容。

本书在编著过程中参考了诸多同行和业界人士的宝贵经验，在此特表感谢；同时，感谢北京大学出版社的编辑人员对书稿提出的宝贵的修改意见和建议，确保了书稿内容的顺利定稿。由于编著者水平有限，加之编写时间仓促，以及科学技术飞速发展、知识更替日新月异等原因，书中不足之处在所难免，恳请广大读者批评指正。

编著者

2023 年 9 月

【资源索引】

课程介绍

周次	授课内容（章）	授课内容（节）	总课时	理论课时	实践课时
第一周	第1章 信息交互的新坐标—— 界面设计与用户体验设计	1.1 界面设计 1.1.1 界面 1.1.2 界面的分类和发展 1.1.3 界面设计概念阐述 1.1.4 界面设计的基本原则	2	2	
		1.2 用户体验设计 1.2.1 用户体验 1.2.2 用户体验要素 1.2.3 用户体验设计概念阐述 1.2.4 用户体验设计的特征	2	2	
		1.3 基于用户体验的界面设计 1.3.1 需求和期望的满足感 1.3.2 功能与美感的综合体	2	1	1
	第2章 人机交互—— 界面设计的“路径”探索	2.1 人机交互 2.1.1 人机交互的概念 2.1.2 人机交互技术的发展应用 2.1.3 新媒体时代下的人机交互方式	2	1	1
		2.2 用户界面设计的流程挖掘 2.2.1 用户角色 2.2.2 信息架构 2.2.3 原型设计 2.2.4 测试反馈 2.2.5 界面传达	8	4	4
第二周	第3章 视觉维度—— 界面设计的“语境”营造	3.1 “以用户为中心”的视觉重组 3.1.1 屏幕里的功能美感——网格布局 3.1.2 文本信息的有效传递——字体编排 3.1.3 情感的继发与联想——屏幕色彩 3.1.4 视觉的感知与记忆——图标和图像 3.1.5 唯美的操作体验——动态特效	10	4	6
		3.2 不同应用领域下的界面设计与表现 3.2.1 移动应用软件 3.2.2 游戏 3.2.3 网页 3.2.4 智能穿戴设备及其他	3	2	1
		3.3 指尖科技——后维普斯时代的界面设计技术创新 3.3.1 二维码 3.3.2 增强现实 3.3.3 触摸屏	3	2	1

周次	授课内容（章）	授课内容（节）	总课时	理论课时	实践课时
第三周	**第4章 以人为本—— 用户体验的建立**	4.1 认识用户 4.1.1 用户的感官特征 4.1.2 用户的心理表现 4.1.3 用户的个体差异	1	1	
		4.2 用户体验的分类 4.2.1 感官体验 4.2.2 交互体验 4.2.3 情感体验 4.2.4 信任体验 4.2.5 价值体验	1	1	
		4.3 让体验从“心”开始	2	1	1
	第5章 对话互联—— 网络时代下的用户体验设计	5.1 用户体验要素的设计 5.1.1 表现层——视觉设计 5.1.2 框架层——界面设计、导航设计、信息设计 5.1.3 结构层——交互设计和信息架构 5.1.4 范围层——功能设计和内容 5.1.5 战略层——产品目标和用户需求	10	4	6
		5.2 让用户体验更心动 5.2.1 创造“心流式体验” 5.2.2 增加沉浸感 5.2.3 情感化设计 5.2.4 营造“互动美感”	2	1	1
第四周	**第6章 设计启发—— 设计师的创新“舞台”**	6.1 解决用户的痛点 ——Uber（优步）用户体验设计 6.2 触动人心的瞬间 ——WWF Together世界自然基金应用程序设计 6.3 远不止好看这么简单 ——百度Doodle图标设计与体验 6.4 科技赋能文化 ——“敦煌研究院+腾讯”数字文创项目 6.5 身临其境的探索 ——Google Arts & Culture 在线 博物馆首展之Meet Vermer 6.6 有温度的设计 ——Creatability 6.7 时尚的智能穿戴 ——Apple Watch交互设计 6.8 3D打印的美食 ——Sushi Singularity全新用餐体验设计	16	4	12
		总课时	64	30	34

注：此图表包含“UI用户界面设计”课程的全部内容和对应的学时分配建议。

目录

第1章 信息交互的新坐标——界面设计与用户体验设计 / 012

1.1 界面设计 / 015
1.1.1 界面 / 015
1.1.2 界面的分类和发展 / 016
1.1.3 界面设计概念阐述 / 021
1.1.4 界面设计的基本原则 / 025
1.2 用户体验设计 / 028
1.2.1 用户体验 / 028
1.2.2 用户体验要素 / 028
1.2.3 用户体验设计概念阐述 / 030
1.2.4 用户体验设计的特征 / 030
1.3 基于用户体验的界面设计 / 031
1.3.1 需求和期望的满足感 / 031
1.3.2 功能与美感的综合体 / 032
单元训练和作业 / 033

第2章 人机交互——界面设计的“路径”探索 / 034

2.1 人机交互 / 037
2.1.1 人机交互的概念 / 037
2.1.2 人机交互技术的发展应用 / 038
2.1.3 新媒体时代下的人机交互方式 / 040
2.2 用户界面设计的流程挖掘 / 049
2.2.1 用户角色 / 049
2.2.2 信息架构 / 054
2.2.3 原型设计 / 056
2.2.4 测试反馈 / 058
2.2.5 界面传达 / 060
单元训练和作业 / 063

第3章 视觉维度——界面设计的“语境”营造 / 064

3.1 “以用户为中心”的视觉重组 / 067
3.1.1 屏幕里的功能美感——网格布局 / 067
3.1.2 文本信息的有效传递——字体编排 / 070
3.1.3 情感的继发与联想——屏幕色彩 / 078
3.1.4 视觉的感知与记忆——图标和图像 / 085
3.1.5 唯美的操作体验——动态特效 / 095
3.2 不同应用领域下的界面设计与表现 / 098
3.2.1 移动应用软件 / 098
3.2.2 游戏 / 100
3.2.3 网页 / 103
3.2.4 智能穿戴设备及其他 / 104
3.3 指尖科技——后维普斯时代的界面设计技术创新 / 106
3.3.1 二维码 / 106
3.3.2 增强现实 / 109
3.3.3 触摸屏 / 112
单元训练和作业 / 115

第4章 以人为本——用户体验的建立 / 116

4.1 认识用户 / 119
4.1.1 用户的感官特征 / 119
4.1.2 用户的心理表现 / 126
4.1.3 用户的个体差异 / 126
4.2 用户体验的分类 / 127
4.2.1 感官体验 / 127
4.2.2 交互体验 / 129
4.2.3 情感体验 / 130
4.2.4 信任体验 / 131
4.2.5 价值体验 / 132
4.3 让体验从“心”开始 / 133
单元训练和作业 / 135

目录

第5章 对话互联——网络时代下的用户体验设计 / 136

5.1 用户体验要素的设计 / 139
5.1.1 表现层——视觉设计 / 139
5.1.2 框架层——界面设计、导航设计、信息设计 / 142
5.1.3 结构层——交互设计和信息架构 / 143
5.1.4 范围层——功能设计和内容 / 144
5.1.5 战略层——产品目标和用户需求 / 144
5.2 让用户体验更心动 / 146
5.2.1 创造“心流式体验”/ 147
5.2.2 增加沉浸感 / 148
5.2.3 情感化设计 / 151
5.2.4 营造“互动美感”/ 153
单元训练和作业 / 155

第6章 设计启发——设计师的创新“舞台”/ 156

6.1 解决用户的痛点——Uber（优步）用户体验设计 / 159
6.2 触动人心的瞬间——WWF Together 世界自然基金应用程序设计 / 162
6.3 远不止好看这么简单——百度 Doodle 图标设计与体验 / 164
6.4 科技赋能文化——“敦煌研究院 + 腾讯”数字文创项目 / 165
6.5 身临其境的探索——Google Arts & Culture 在线博物馆首展之 Meet Vermer / 167

6.6 有温度的设计
——Creatability / 169
6.7 时尚的智能穿戴
——Apple Watch 交互设计 / 172
6.8 3D 打印的美食
——Sushi Singularity
全新用餐体验设计 / 173

参考文献 / 176

第 1 章

信息交互的新坐标——界面设计与用户体验设计

教学要求

通过本章的学习，学生应充分了解界面的概念、界面的分类和发展，理解界面设计、用户体验的相关含义，深入理解用户体验的要素和用户体验设计的特征。掌握界面设计的基本原则，从需求和期望的满足感、功能与美感的综合体两个方面理解和掌握优秀界面设计的基本要求。

教学目标

培养学生对界面设计和用户体验设计的认知，建立良好的界面设计思维，使学生能够熟练掌握界面设计的基本原则和要求，能够在设计实践中平衡技术功能与视觉美感，创作出融合实用、科学和美感的界面设计作品。

本章教学框架

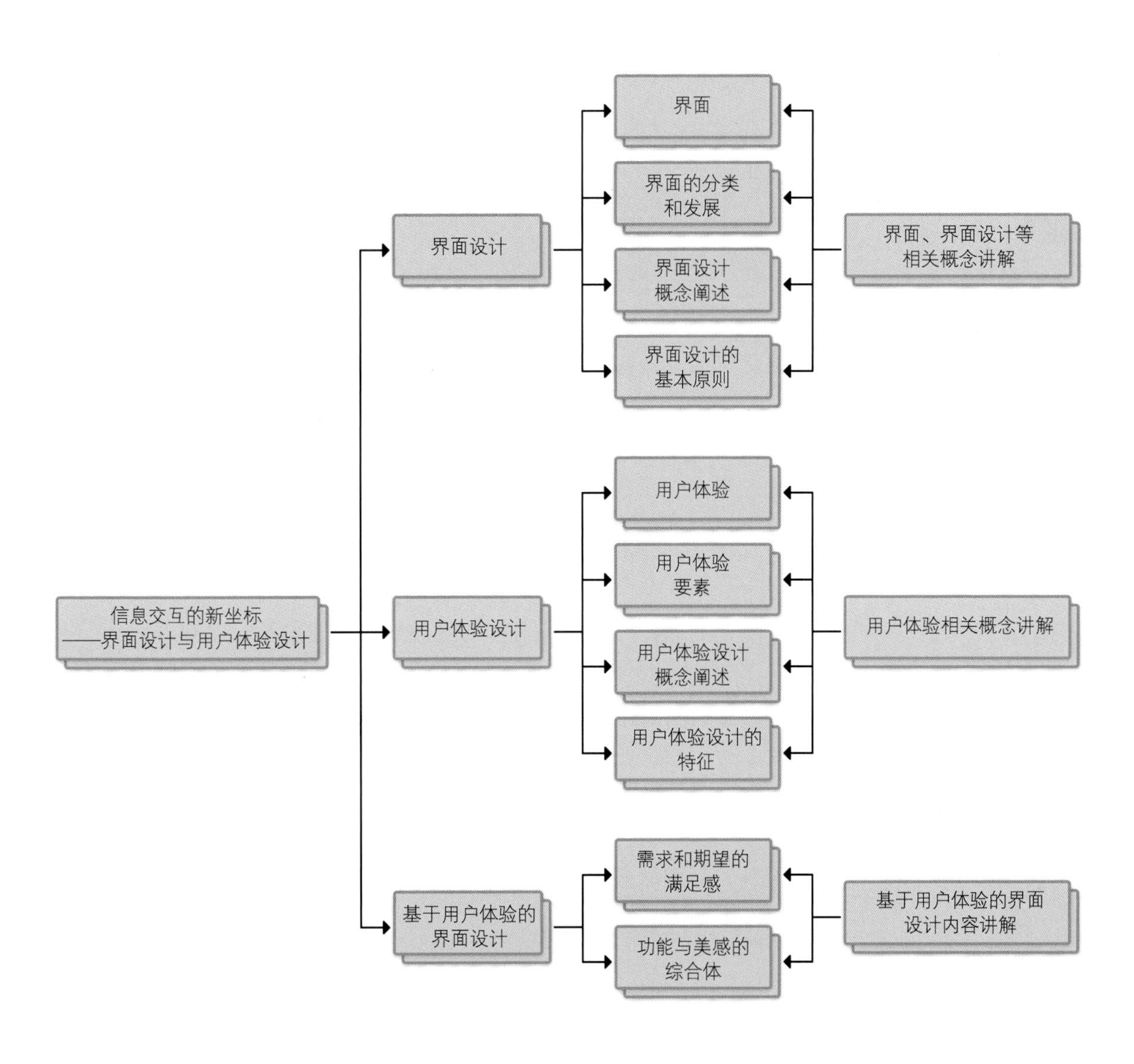

信息交互的新坐标
——界面设计与用户体验设计
界面设计
用户体验设计
基于用户体验的界面设计
界面
界面的分类和发展
界面设计概念阐述
界面设计的基本原则
用户体验
用户体验要素
用户体验设计概念阐述
用户体验设计的特征
需求和期望的满足感
功能与美感的综合体
界面、界面设计等相关概念讲解
用户体验相关概念讲解
基于用户体验的界面设计内容讲解

本章引言

信息交互是自然与社会各方面知识传递和交流的过程，随着社会信息化的不断发展，人们对信息的需求也越来越多。界面作为人们沟通、交流和传递信息的载体，在信息传播的过程中起着举足轻重的作用。界面设计体现了设计艺术的内涵，它不仅综合了各种信息，而且还在信息传递中不断地创作出新的信息。良好的界面与体验设计直接关乎用户获取信息的效率和感受，决定着信息接收的准确性和有效性，在数字时代的今天，它们正在改变信息传播的形态和手段，并逐步构建着一个全新的、虚拟的、高效的、多元的信息社会。

1.1　界面设计

1.1.1　界面

界面（Interface）的定义：界，界分、界限、范围等，界面为物体和物体之间的接触面，界面也被称为“介面”，有中介之面的意思，突出介质、媒介、链接的作用。在设计领域，界面被称为人与物体互动的媒介，换句话说，界面就是设计师赋予物体的“新面孔”；在计算机科学领域，界面被定义为存在于人和机器互动过程中的一个层面，它不仅是与机器进行交互沟通的操作方式，同时也是人与机器相互传递信息的载体，其主要的任务就是信息的输入和输出。由于界面总是针对特定用户而设计的，因此，也把界面称为用户界面（User Interface，UI）或人机界面（Human Machine Interface，HMI）。优秀产品的人机界面美观易懂、操作简单，且具有引导功能，能使用户感觉愉悦和兴趣增强，从而提高产品的使用效率。界面可以分为硬界面（见图 1-1）和软界面（见图 1-2），也可以分为广义的和狭义的人机界面。广义的人机界面是指人与机器之间的一个起相互作用的媒介，人通过它以视觉、听觉、触觉等感官接收来自机器的信息，经过人脑的识别、加工、决策，然后作出反应，实现人与机器的信息传递。狭义的人机界面是指计算机系统中的人机界面，即所谓的软界面。软界面是人与计算机之间的信息交流界面。人机界面的设计直接关系到人机关系的和谐、人在工作中的主体地位，以及整个计算机系统的可使用性和效率。

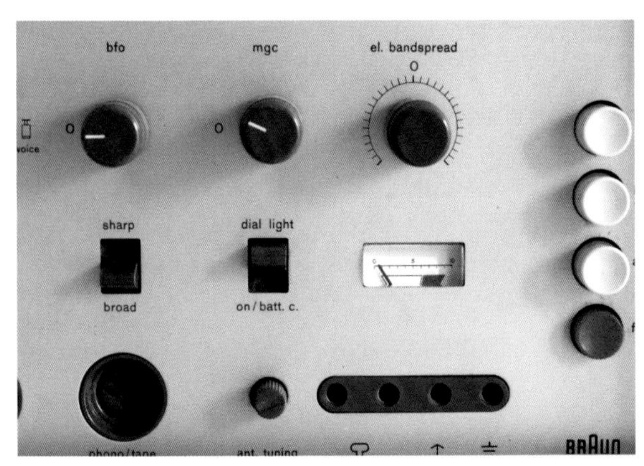

图 1-1　硬界面　迪特尔·拉姆斯（Dieter Rams）

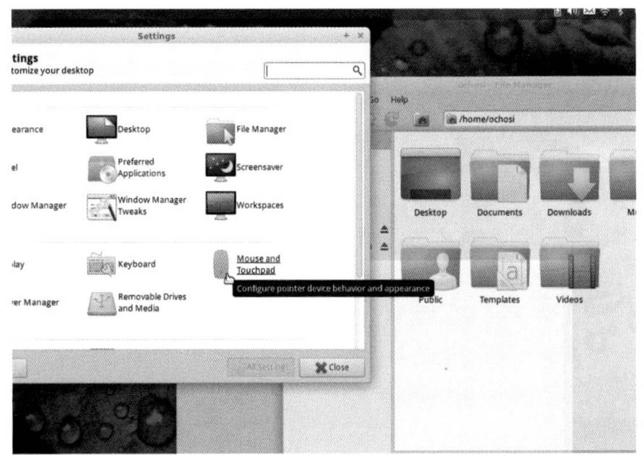

图 1-2　软界面　Xfce 桌面环境

1.1.2 界面的分类和发展

界面的分类

根据界面在人机交互过程中的作用方式，可分为操作界面和显示界面两大类。操作界面主要包括触控屏幕、鼠标、键盘、操作手势、遥控器等，通常起到控制作用，用户通过操作界面发出信息，操作机器执行指令，同时也通过操作界面对机器的反馈信息作出反应动作。显示界面的主要职责是信息显示，是人机之间一个直观的信息交流载体，通过包括图、文、声、光等要素，显示出机器执行的结果。通常情况下，两者是共同存在的，操作界面为人机交互提供接收信息的动作平台，而显示界面则为人机互动提供信息的展示平台，这两个平台构成人机互动的基本环境。界面也可以根据用户特征来划分，如网页用户界面、游戏用户界面、软件用户界面，这种分类方式更体现了以“用户为中心”的设计理念。

界面的发展

界面最早可以追溯到人类祖先开始用劳动改造自身环境的那一刻，在人与人、人与工具交流的过程中，“界面”作为非物质化客体存在于不同时间与空间的人与人、人与机器之间。第一阶段是口传界面阶段，人类依靠五官的体验来认识世界，积累经验，这就产生了最为直接的、面对面的在场交流形式和语境。此阶段人类通过语言、手势、表情、声音等“界面”方式来进行双向互动。第二阶段是印刷界面阶段，随着文字系统的完善和印刷术的发展，人类可以将信息存储在可移动的媒介（印刷物）中，并通过高效率的复制使得人与人不在场交流成为可能，因此，便产生了我们所说的“广义人机界面”，尽管这一阶段的界面设计实现了空间与时间的跨越，但同时也带来

了社会互动中信息解码的损失。第三阶段是机械电子界面阶段，新能源的发现极大地提高了社会生产力，机械、技术、产品的广泛应用，让人类与机器的交流成为可能，但是由于机器的使用者与设计者不在同一个时空里，用户对设计者的设计指导意图不能完全实现“在场”交流，因此，人类如何与机器实现有效的交流，如何控制和使用机器为自身的生产生活服务，成为这一时期设计者研究的重点。第四阶段是网络界面阶段，伴随着个人计算机的普及和应用，以及信息技术的迅猛发展，我们进入了虚拟的网络空间，人们正习惯于基于网络的各种活动和生活方式。在这个网络界面阶段，时空分离的生存方式是完全符合逻辑的，虚拟化的网络界面作为信息交流的重要媒介扮演着举足轻重的角色（见图 1-3）。

人机界面的发展

用户界面是计算机科学和认知心理学两大学科相结合的产物，同时也吸收了语言学、人机工程学和社会学等学科的研究成果，是计算机科学中最年轻的分支之一。本书接下来重点探讨的用户界面主要是围绕人机界面中的软界面范畴，是数字时代下系统和用户之间进行交互和信息交换的重要介质。人机界面的研究从产生至今不足半个世纪，却经历了巨大的变化。人机界面中的软界面的发展大致经历了命令行界面、图形用户界面、多媒体用户界面、多通道用户界面、虚拟现实用户界面几个阶段。

图 1-3　从左至右依次概括为口传界面阶段、印刷界面阶段、机械电子界面阶段和网络界面阶段

命令行界面

命令行界面（Command Line Interface）是最早出现的人机界面，用户可以通过问答式对话、文本菜单或命令语言等方式来进行人机交互。在这种界面中，用户被看作操作员，机器只是做出被动的反应，它通常不支持鼠标，而是用户通过键盘输入指令，界面输出也只能为静态单一字符。因此，这种人机交互的自然性和效率性都很差，被认为是人机对峙时期（见图 1-4）。

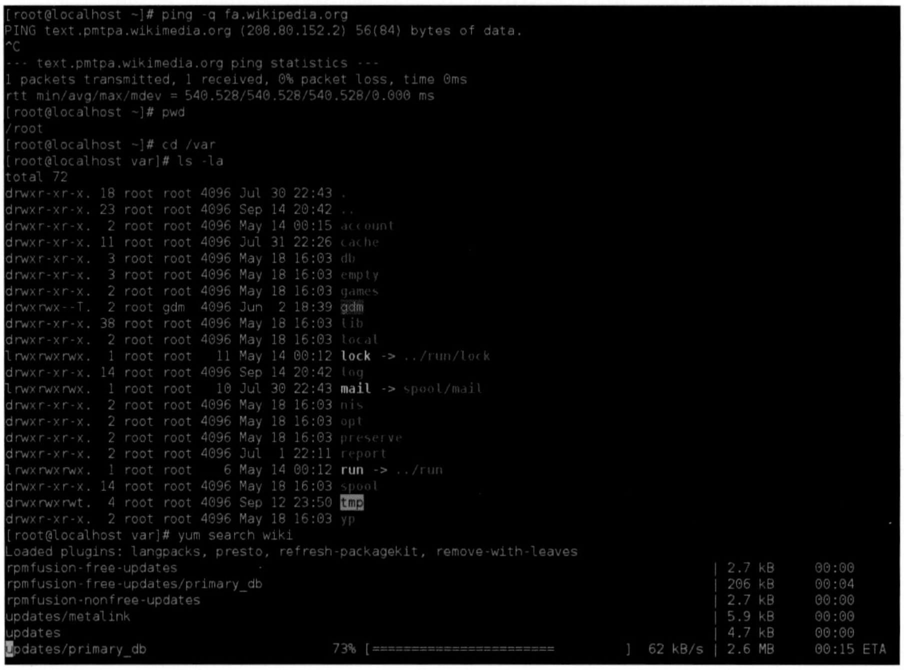

图 1-4　命令行界面　Gentoo Linux

图形用户界面

图形用户界面（Graphical User Interface，GUI）是当今用户界面设计的主流，广泛应用于计算机和携带屏幕显示功能的各类电子设备，也包括大量的手持设备。图形用户界面是采用图形方式显示的一种信息交换的媒介。用户通过窗口、按键、菜单等图形对象向计算机等电子设备发出指令，其接收指令后，通过图形反馈操作结果。与命令行界面相比，图形用户界面在视觉上更易于被用户接受，操作上更加方便（见图 1-5）。

>>> 知识链接

"图形用户界面"这一概念是 20 世纪 70 年代由美国施乐帕克研究中心（Xerox Palo Alto Research Center，PARC）提出的。我们现在所说的普遍意义上的 GUI 便是由此产生的。1973 年施乐帕克研究中心的研究人员最先建构了窗口、图标、菜单、点选器及下拉菜单的范例，并率先在一台实验性的计算机上使用。

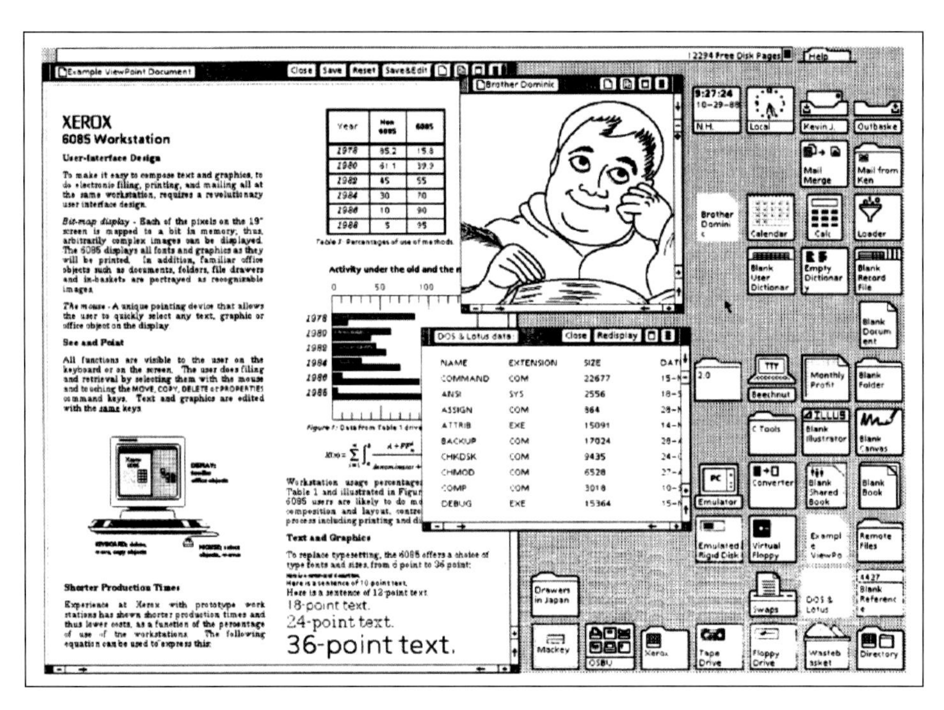

图 1-5　图形用户界面　Xerox Star

多媒体用户界面

多媒体用户界面（Multimedia User Interface）最突出的特点是媒体的表现性，将原来只支持静态媒体的用户界面引入了动画、音频、视频等动态媒体，大大丰富了计算机信息表现形式，拓宽了计算机输出的带宽。同时，多媒体技术的引入也提高了人对信息表现形式的选择和控制能力，增强了用户的信心和操作逻辑。相比之下，多媒体用户界面比单一媒体用户界面更具有吸引力，更利于用户对信息的主动探索。多媒体用户界面虽然在信息输出方面变得更加丰富，但仍使用单通道的输入方式，仅支持常规的输入设备（如键盘、鼠标和触摸屏），而多通道用户界面的兴起，弥补了这一限制，让人机交互过程变得更加和谐与自然（见图 1-6）。

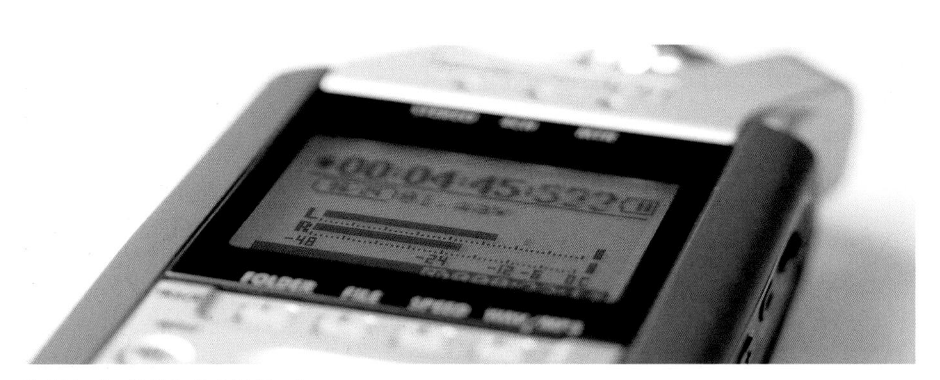

图 1-6　多媒体用户界面　Zoom

多通道用户界面

多通道用户界面（Multi-Modal User Interface）是基于视线跟踪、语音识别、手势输入、表情识别、触觉感应、动作感应等新兴交互技术，允许用户使用多个交互通道以并行、非精确方式与计算机系统进行交互。在多通道用户界面中，用户可以使用更加自然的交互方式，如语音、手势、眼神、表情、唇动、肢体姿势、触觉、嗅觉或味觉等与计算机进行互动。目前，多通道用户界面应用十分广泛，存在于日常生活的方方面面，如在智能驾驶中的应用，用户可以通过语音来控制汽车的导航、灯光、座椅等，抑或是通过声音指令控制无人驾驶的汽车。多通道用户界面作为新一代用户界面范式，让人机交互变得更加自然、灵活和高效（见图 1–7）。

虚拟现实用户界面

虚拟现实用户界面是一种全新的人机界面形式，通过计算机与其他交互设备产生一个虚拟环境（物理现实的仿真），使用户（参与者）有“身临其境”的感觉，通过人类自然的技能感知能力与模拟世界的对象进行交流。虚拟现实用户界面营造的是用户置身于图像世界的主观体验，真正实现了图形用户界面的人性化。虚拟现实系统的基本类型包括桌面虚拟现实系统、临境虚拟现实系统、增强型虚拟现实系统、分布式虚拟现实系统等。通过计算机技术生成逼真的视觉、听觉、触觉一体化虚拟环境。虚拟现实技术的应用极

图 1–7 多通道用户界面 Daniel Williams

为广泛，在娱乐、教育及艺术等方面占据主流，其次是在军事、航空、医学、商业等方面的应用，另外在可视化计算、制造业方面的应用也有相当的比重。

虚拟现实用户界面是人们通过计算机对复杂数据进行可视化操作的一种全新方式，与传统的人机界面及流行的视窗操作相比，虚拟现实用户界面在技术思想上有了质的飞跃（见图 1-8）。

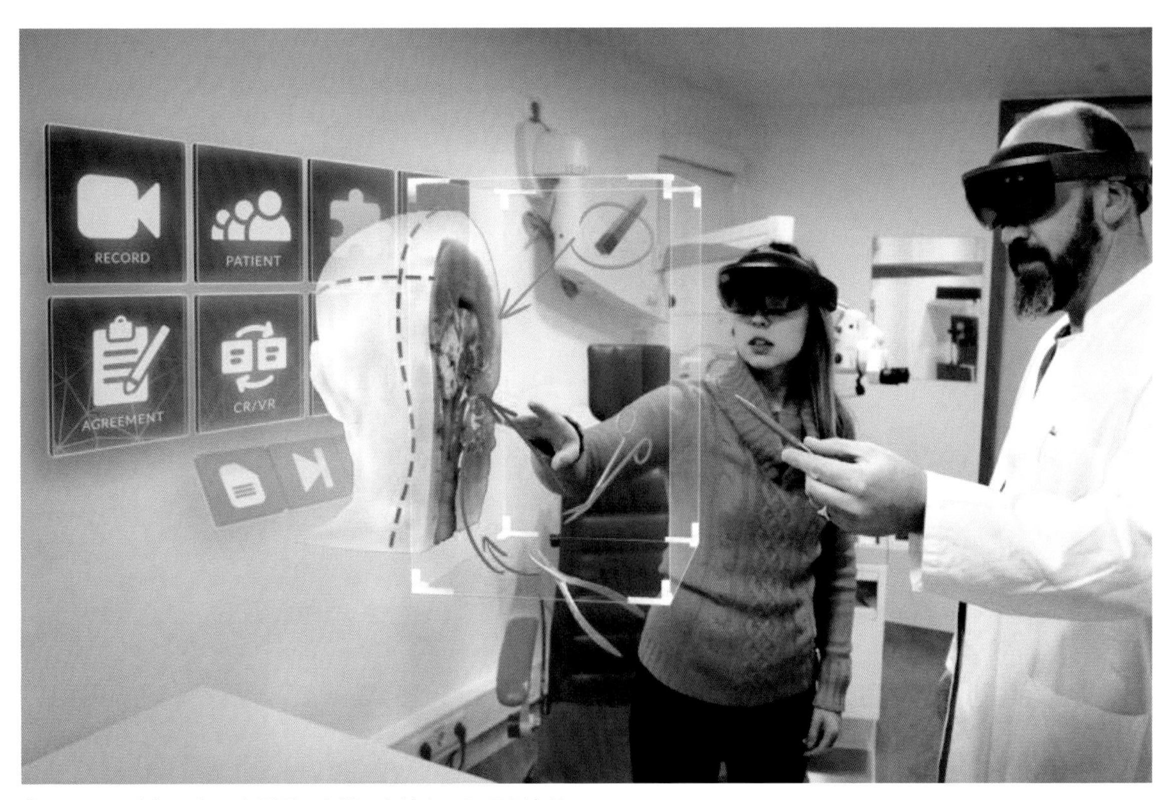

图 1-8　虚拟现实用户界面：虚拟现实技术用于医疗诊断

1.1.3　界面设计概念阐述

界面设计（Interface Design）是通过协调界面各构成要素，优化人与界面信息交流手段和交流过程，实现用户需求的系统性设计。界面设计的目标是使得用户在完成自己的任务时与被设计对象之间的交流尽可能地简单和高效。好的界面设计不仅能让软件变得有个性、有品位，还能让软件的操作变得舒适、简单、自由，充分体现软件的定位和特点。界面设计可以划分为以功能实现为基础的界面设计、以情感表达为重点的界面设计和以环境因素为前提的界面设计。

功能实现　以功能实现为基础的界面设计。

交互界面设计最基本的性能是具有功能性与使用性，通过界面设计，让用户明白功能操作，并将作品本身的信息更加顺畅地传递给使用者。用户需

求是功能界面存在的基础与价值，考虑到用户的知识水平和文化背景等方面的差异性，在以功能为基础的界面设计中，应更客观、全面、科学地体现产品本身的信息（见图 1-9）。

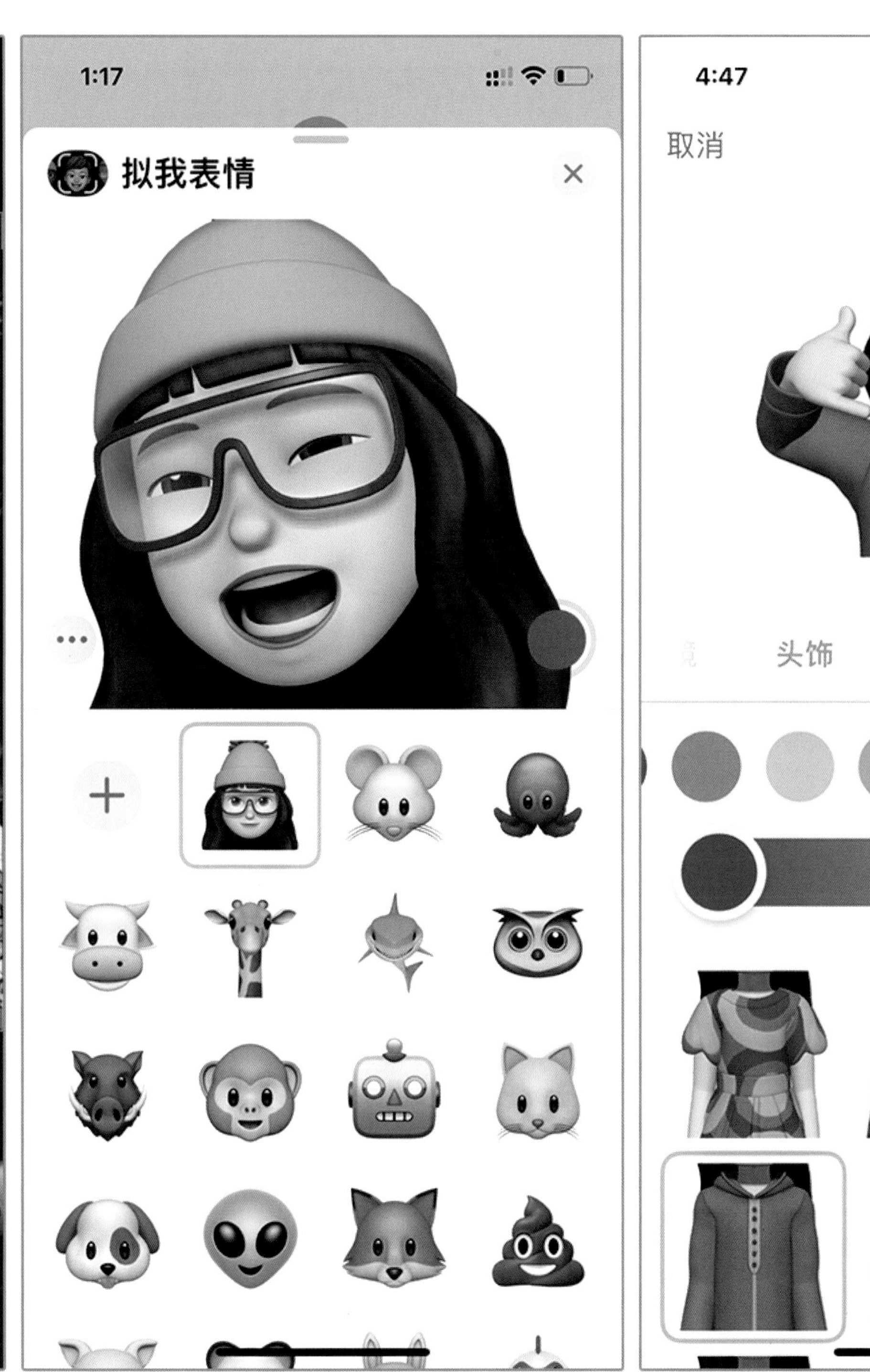

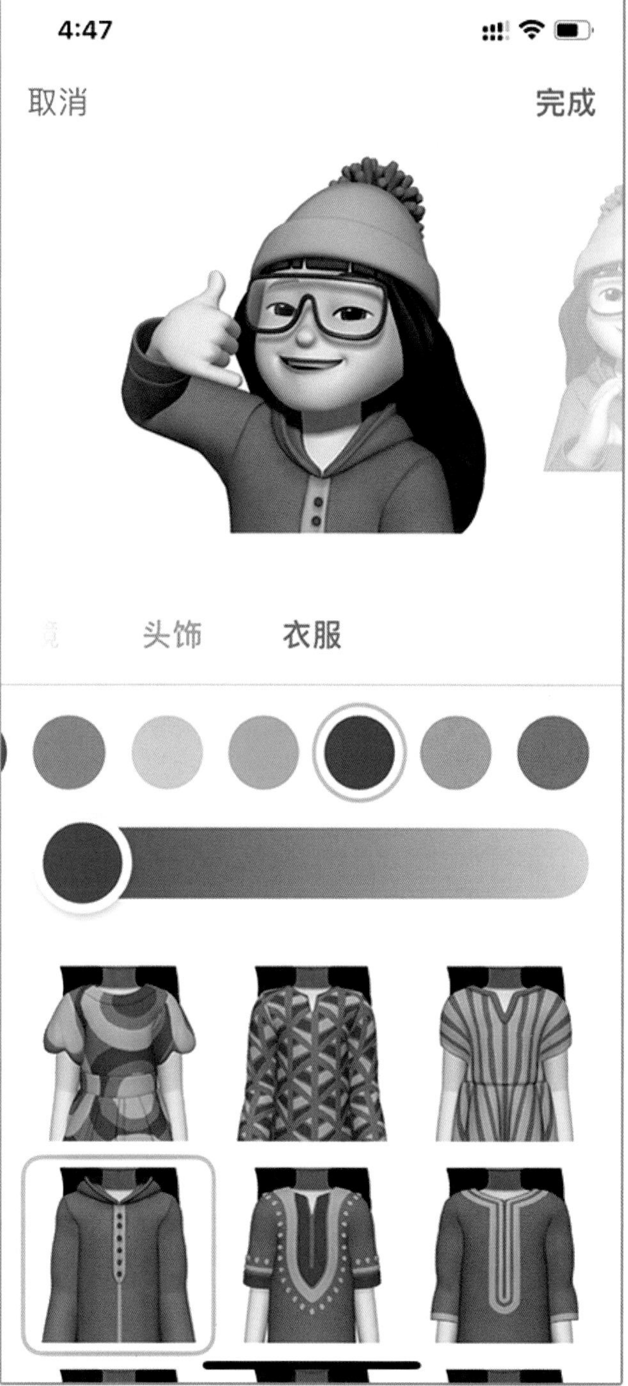

图 1-9　通过苹果手机 Animoji 界面，可以自定义生成自己的 3D 动画表情符号

情感表达

以情感表达为重点的界面设计。

基于情感表达的界面设计更强调用户在接触产品时的情感体验，其是界面设计真正的艺术魅力所在。当用户在使用产品时，能够产生愉悦的、满足的、感动的情感共鸣。在本书的第 5 章 5.2.3 节情感化设计中，还会重点讲述以情感表达为重点的界面设计（见图 1-10）。

图 1-10 《共赎》是一本科教类交互式电子图书，也是以情感表达为重点的界面设计。《共赎》共八章，分别是共生、屠杀、死亡、赎罪、道德、爱护、时光和永恒，用户可以通过游戏的形式与屏幕中的元素进行互动，在互动过程中聆听故事、感悟道理、产生共鸣。党的二十大报告指出："大自然是人类赖以生存发展的基本条件。"《共赎》不仅向用户传达人与动物之间可持续发展的共生关系，同时也呼吁人类要尊重和保护我们"人类的朋友"。该书入围"千里之行——中国重点美术院校第六届暨 2015 届毕业生优秀作品展"

作者：李烨　于婷　　指导教师：赵璐　郭森　佟佳妮

以环境因素为前提的界面设计。

环境因素

任何一部互动设计作品都无法脱离环境因素而存在，环境因素对互动设计作品的信息传递有着特殊的影响。环境因素包括作品自身的历史、文化、科技等诸多方面的特点，因此营造界面的环境氛围是不可忽视的一项设计工作，这和我们看电影时需要关灯是一个道理。

由于界面设计是计算机科学和认知心理学及设计学相结合的产物，同时也涉及社会学、语言学、视觉设计美学、人机工程学、色彩学、符号学、哲学等诸多方面。界面设计不是单纯地满足用户功能需求的技术操作，也不仅仅是单纯的视觉表现，而是二者的结合。当然，如果站在本专业角度去研究界面设计，则会被赋予更多的重要性。因此，界面设计越来越接近一门艺术而不仅仅是一项技术，界面设计作为一种新的视觉表达方式，虽然发展时间很短，但它既具备了传统平面设计的特征，又具有其所没有的优势，成为信息交流一个非常重要的途径（见图1-11）。党的二十大报告指出：坚持创造性转化、创新性发展。数字技术正以迅猛之势影响着文化产业的变革与发展，中华优秀传统文化博大精深、丰富多彩，为数字文化产业的发展提供了丰富的资源和素材。因此，我们需要深入挖掘中华优秀传统文化的思想价值，通过数字手段对中华优秀传统文化进行创造性转化和创新性发展，打造具有时代特色和国际影响力的文化符号，让更多人领略中华优秀传统文化的魅力。

1.1.4 界面设计的基本原则

施奈德曼在《用户界面设计》一书中提到：界面设计的三大原则是置界面于用户的控制之下、减轻用户的记忆负担、保持界面的一致性。详细说来可分为以下几个方面。

（1）简易性：界面的简洁是要让用户便于使用、便于了解，并能减少用户发生错误选择的可能性。

（2）用户语言：界面中要使用能反映用户本身的语言，而不是用户界面设计者的语言，即“用户至上”原则。

（3）记忆负担最小化：人类大脑不是计算机，在设计界面时必须考虑人类大脑处理信息的限度。人类的短期记忆极不稳定，且是有限的，人类大脑24小时内存在25%的遗忘率。所以对用户来说，浏览信息要比记忆更容易。

（4）一致性：它是每一个优秀界面都具备的特点。界面的结构必须清晰且一致，风格必须与产品内容相统一。

（5）清楚：在视觉效果上便于理解和使用。

（6）用户熟悉的程度：用户可通过已掌握的知识来使用界面，但不应超出一般常识。

（7）从用户的观点考虑：用户总是按照自己的方式理解事物，所以设计者要想用户所想，做用户所做。通过比较两种不同（真实与虚拟）的事物，完成更好的设计，如将书籍与竹简进行比较。

（8）排列：一个有序的界面能让用户使用起来更轻松。

（9）安全性：用户能自由地作出选择，且所有选择都是可逆的。在用户

图 1-11 “影子影子”是一件以非物质文化遗产“辽南皮影”为主题，同时基于 AR 技术的用户界面设计作品
作者：王荣贺 韩沛霖 指导教师：赵璐 郭森

作出危险的选择时，会有信息介入系统进行提示。

（10）灵活性：简单来说，就是要让用户方便使用，即互动具有多重性，不局限于单一的工具（包括鼠标、键盘或手柄）。

（11）人性化：高效率和高用户满意度是人性化的体现。应具备专家级和初级玩家系统，即用户可依据自己的习惯定制界面，并能保存设置。

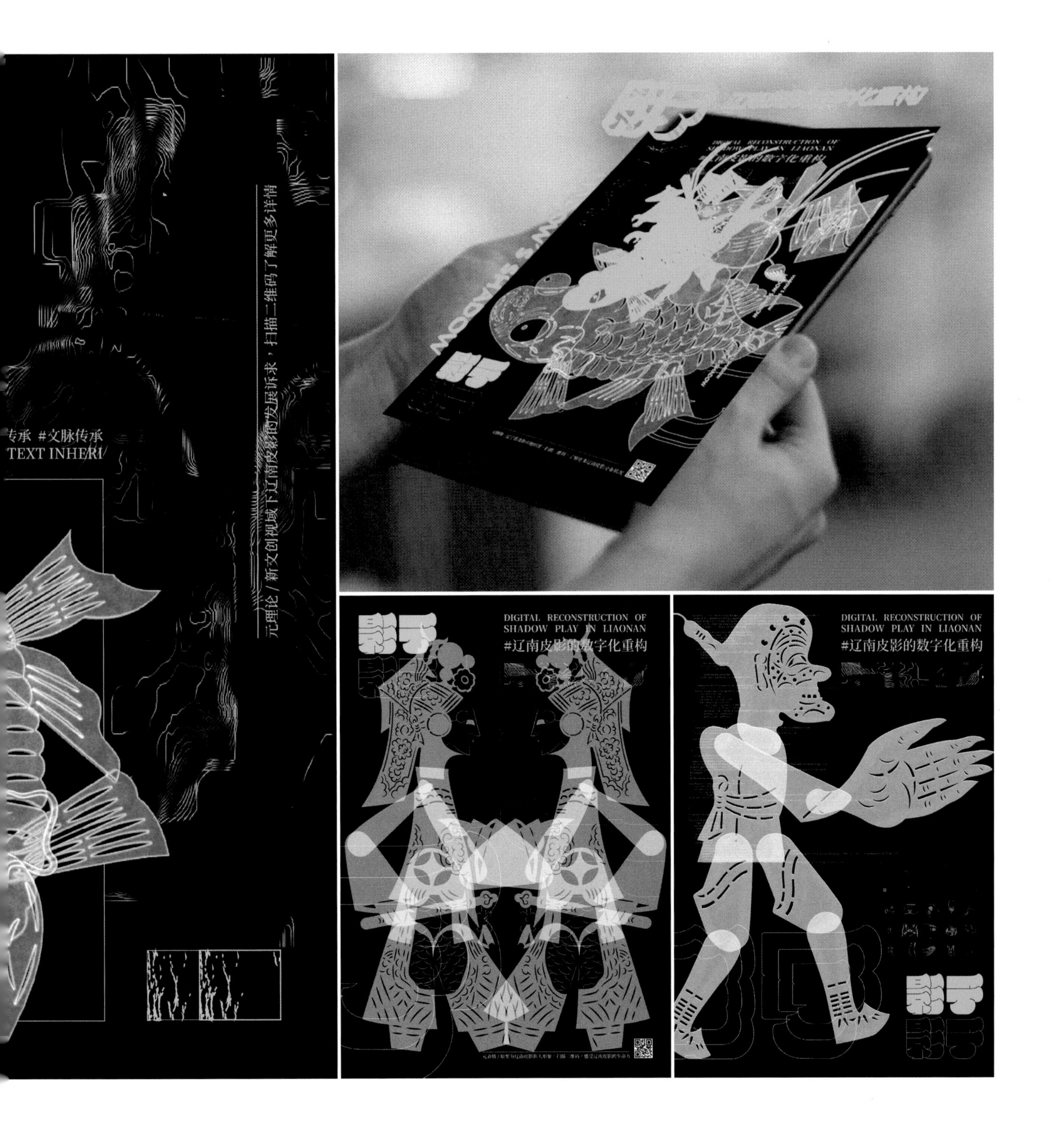

1.2 用户体验设计

1.2.1 用户体验

“用户体验”（User Experience，UE 或 UX）一词最早是在 20 世纪 90 年代中期，由美国学者唐纳德·亚瑟·诺曼（见图 1-12）提出和推广的。用户体验是指用户在使用产品或服务的过程中，建立起来的一种纯主观的心理感受，具体来讲是指一个人在使用一个特定产品、系统或服务的行为、情绪和态度。从用户的角度来讲，用户体验是产品在现实世界的表现和使用方式，渗透到用户和产品交互的各个方面，包括用户对品牌特征、信息可用性、功能性、内容性等方面的体验。不仅如此，用户体验还是多层次的，并贯穿于人机互动的全过程，既有对产品操作的互动体验，又有在互动过程中触发的认知和情感体验。从这个意义上讲，用户体验已逐渐成为互动设计的首要关注点和重要评价标准。

ISO 9241-210：2019 标准将用户体验定义为：“人们对于针对使用或期望使用的产品、系统或者服务的认知印象和回应。”通俗来讲就是“这个东西好不好用，用起来方不方便”。因此，用户体验是主观的，且其注重实际应用时产生的效果。

ISO 9241-210：2019 标准对用户体验定义的补充说明还解释道：用户体验，即用户在使用一个产品、系统或服务之前、使用期间和使用之后的全部感受，包括情感、信仰、喜好、认知印象、生理和心理反应、行为和成就等各个方面。该说明列出了影响用户体验的三个因素：系统、用户和使用环境。

图 1-12　美国学者唐纳德·亚瑟·诺曼

>>> 知识链接
唐纳德·亚瑟·诺曼（Donald Arthur Norman）英文常简称为 Don Norman，中文有时也译为唐纳·诺曼或唐纳德·诺曼，美国认知科学、人因工程等领域的著名学者，也是尼尔森诺曼集团（Nielsen Norman Group）的创办人和顾问，同时也是美国知名作家，以书籍《设计 & 日常生活》闻名于工业设计和互动设计领域，并被《商业周刊》杂志评选为世界上最有影响力的设计师之一。

>>> 知识链接
国际标准化组织（International Organization for Standardization，ISO）是一个全球性的非政府组织，是国际标准化领域中一个十分重要的组织。国际标准为产品、服务和良好的实践提供世界上最先进的规范，以帮助业界提高效率。与体验设计最相关的标准是 ISO 9241-210：2019——以人为中心的交互系统设计。

1.2.2 用户体验要素

用户体验要素是美国“AJAX 之父”杰西·詹姆士·加瑞特（见

图 1-13）于 2000 年提出的，他的用户体验五要素模型（见图 1-14）及理论至今影响深远，尽管用户体验五要素最早是针对网页设计提出的，但在互联网快速普及的今天，依然可以用它来指导我们理解用户，并设计出符合用户期望的产品、系统或服务。用户体验五要素模型包括表现层、框架层、结构层、范围层和战略层。

这种把用户体验划分成各个层面的模型，非常有利于设计者考虑用户在体验中有可能遇到的麻烦。但在现实世界中，这些层面之间的界限并没有那么明确，很少有产品或服务只属于其中某一个固定层面。在每一层面中，这些要素都必须相互作用才能完成该层面的目标。在本书的第 5 章 5.1 节用户体验要素的设计中还会详细讨论这些要素，并结合具体实例来探讨如何通过这些要素进行用户体验设计。

图 1-13　美国"AJAX 之父"杰西·詹姆士·加瑞特

>>> 知识链接
杰西·詹姆士·加瑞特（Jesse James Garrett），是用户体验咨询公司 Adaptive Path 的创始人之一。自 2000 年将用户体验要素发布到网上以来，杰西·詹姆士·加瑞特所绘制的这个模型已经被下载了 2 万多次。他在用户体验领域的贡献包括"视觉词典"（the Visual Vocabulary），一个为规范信息架构文档而建立的开放符号系统，现在这个系统在全球各个企业中得到广泛的应用。他的个人网站是提供信息架构资源的网站中最受欢迎的一个。

>>> 知识链接
AJAX 即"Asynchronous Javascript And XML"（异步 JavaScript 和 XML），是指一种创建交互式网页应用的网页开发技术。

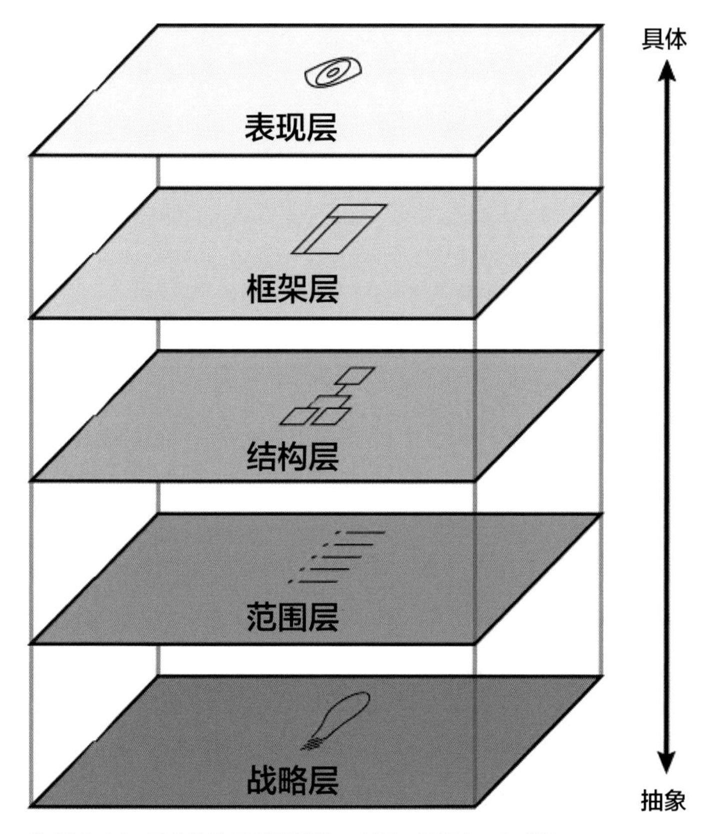

图 1-14　用户体验五要素模型　杰西·詹姆士·加瑞特

1.2.3 用户体验设计概念阐述

用户体验设计（User Experience Design，UXD 或 UED），是以用户为中心的一种设计手段，是以用户需求为目标而进行的设计。用户体验设计从概念开发的最早期就进入整个设计流程中，并贯穿项目始终。其目的就是保证对用户体验的正确预估，并能够认识用户的真实期望和目的。除此之外，还能够以低廉的成本不断对设计进行修正，保证人机界面之间的协调工作，减少出错。简单来说，用户体验设计就是为了提升用户体验而做的设计。

用户体验设计涵盖了传统的人机交互设计、视觉设计、心理学、社会学和其他学科领域，通过为产品交互时提供的可用性、有用性和可取性来操纵用户行为的过程。

1.2.4 用户体验设计的特征

用户体验设计强调“以人为本”的设计理念，也就是我们所说的以用户为中心的设计（User Centred Design，UCD），是从用户语境的角度来考虑用户的体验。良好的用户体验设计通常是看不见的，既能满足用户功能需求，又能够让用户“乐在其中”。因此，良好的用户体验设计首先要解决用户的某个实际问题，其次是让问题变得更容易解决，最后是给用户留下深刻的印象，让用户在整个使用过程中产生美好的体验。因此，我们可以将良好的用户体验设计概括为以下几个特征：①严谨、理性、创意；②提供特定问题的解决方案；③别让用户思考；④趣味横生。例如，日本艺术团队 TeamLab 所创作的系列作品都致力于为参与者提供更为极致的沉浸式体验和艺术美感（见图 1-15）。

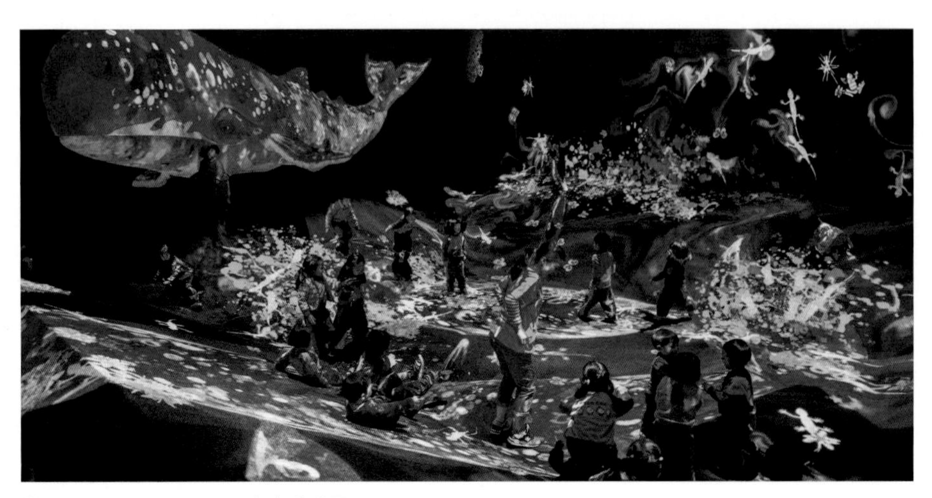

图 1-15 Future Park 未来游乐园 TeamLab

1.3　基于用户体验的界面设计

尼古拉斯·尼葛洛庞帝曾说过："一般个人电脑的界面，被当作是物理设计的问题。但是界面不仅和电脑的外观或给人的感觉有关，它还关系到个性的创造、智能化的设计，以及如何使机器能够识别人类的表达方式。"界面设计的挑战将远远不止是为人们提供更大的屏幕、更好的音质和更易使用的图形输入装置，而是让电脑认识你，满足你的需求，了解你的言辞、表情和肢体语言，即"读懂你的意思"才是好的界面设计。因此，优秀的界面设计不仅能够满足用户功能需求的技术实现，创造出有用的、易用的产品，还要为用户带来快乐、兴奋、愉悦和乐趣，同时还要给生活带来美的享受。

>>> 知识链接
尼古拉斯·尼葛洛庞帝（Nicholas Negroponte），美国计算机科学家，他最为人所熟知的是麻省理工学院媒体实验室的创办人兼执行总监。

1.3.1　需求和期望的满足感

>>> 知识链接
史蒂夫·乔布斯（Steve Jobs）出生于美国加利福尼亚州旧金山市，发明家、企业家、美国苹果公司联合创始人。

用户体验无疑是衡量用户界面设计优劣的重要标准，而用户体验的基础是用户的需求和期望，如果脱离用户需求，即使产品设计得再漂亮、创意再精妙、技术再精湛，也无法和用户产生共鸣。因此，界面设计要定位使用者、使用环境、使用手段和使用途径并最终为用户而设计，它是纯粹的艺术性科学设计。作为用户界面设计师，要弄清楚用户的目标和希望是什么，如何通过界面设计实现用户目标，如何鼓励用户完成目标，而不是干扰或妨碍用户。只有用户的需求和期望得到充分的满足，才会产生愉悦、幸福的感受，正如史蒂夫·乔布斯所说的，"对人的体验的理解越深，设计就会越好"（见图 1-16）。

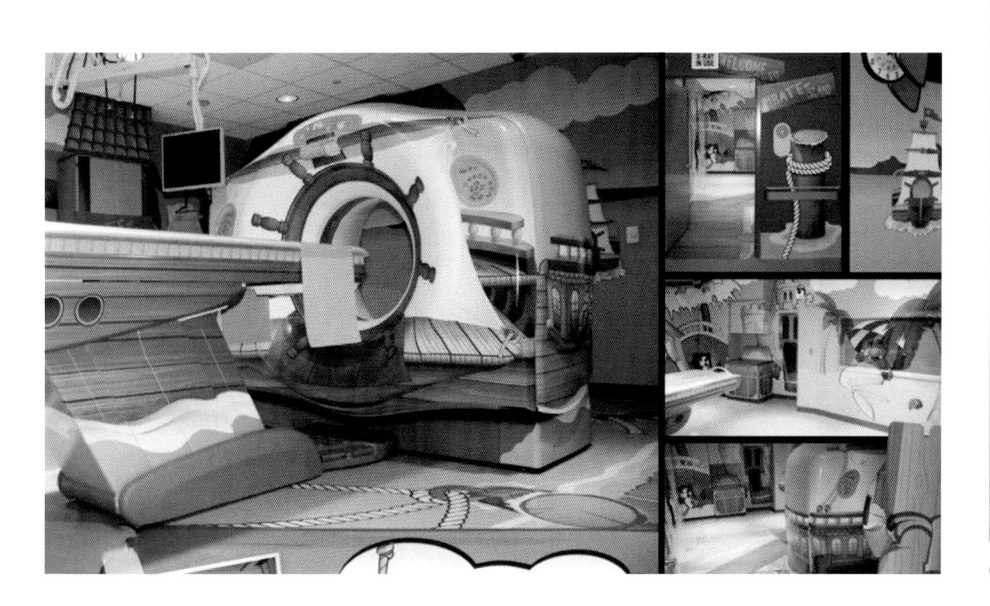

图 1-16　通用电气医疗集团所设计的"探险系列"CT 扫描仪，其是一件真正意义上"以用户为中心的设计"的界面设计案例。设计师道格·迪兹（Doug Dietz）通过观察发现儿童在进行核磁共振扫描这个医疗程序的时候，往往会感到异常紧张和害怕，甚至需要服用镇静剂来缓解压力，这种情况令他非常惊讶，因此，他运用了同理心思维，重新对扫描设备和室内场景进行了升级改造，将检查过程营造成充满趣味性的奇幻冒险之旅，这项设计极大地缓解了儿童患者和家属的焦虑情绪，同时减少了镇静剂的使用率。因此，好的用户界面和体验设计应是对用户需求和期望的准确回应，是艺术的但更重要的是客观的和科学的

1.3.2 功能与美感的综合体

当我们的产品满足了实用性和科学性之后，产品美感就成为提升用户体验的重要途径，是用户界面设计最不容忽视的部分。这里我们提到的美感经验是多维度的，在追求美的过程中，人们都希望自己的感官能被足够满足。当然，所有唯美的视觉瞬间都需要服务于用户、依托于产品本身，那些多余的元素、复杂的交互、时髦的界面小工具都会影响用户在使用产品过程中的感受，因此，基于用户体验下的界面设计应是能够平衡技术、功能与视觉美感的综合体，是实用性、科学性、美感三者融合的产物（见图 1-17）。

【Insta Novels 产品动画】

图 1-17 为了降低经典小说的阅读成本，增加读者阅读的乐趣，纽约公共图书馆联合 MOTHER NEW YORK 独立广告创意机构，将经典的文学作品转化为通过各种视觉效果展示的动画数字小说 Insta Novels，并通过 Instagram Stories 发布。每本小说均由知名插画师专门绘制配图，同时根据用户阅读习惯对屏幕尺寸、背景颜色、字体等内容进行重新设计，还加入了精美的动画效果，如《爱丽丝梦游仙境》是一只正在倒水的茶壶，《圣诞节颂歌》是一支正在燃烧的蜡烛等，其目的是通过这些设计唤起人们对经典小说的阅读兴趣

单元训练和作业

思考训练

1. 用户界面设计的基本原则有哪些？它们是如何在实际中被应用的？
2. 用户体验设计的概念是什么？良好的用户体验设计有哪些特征？请举例说明。
3. 如何理解优秀的用户界面设计是实用性、科学性、美感三者融合的产物？

实践作业

个人实践：以“中国文化旅游”为主题，大量观察、体验和搜集优秀的用户界面设计实例，从实用性、科学性和美感三个方面对产品进行对比分析，从中选择一件最吸引你的作品，并对选择的作品进行深入研究和分享，最终形成自身对用户界面设计的理解。

第 2 章

人机交互——界面设计的“路径”探索

教学要求

通过本章的学习，学生应了解人机交互的概念和发展，深入了解新媒体时代人机交互的常见方式，理解并熟练掌握界面设计的流程和方法，能够通过用户角色、信息架构、原型设计、测试反馈和界面传达五个方面构建创意和想法。

教学目标

培养学生对人机交互的认知，使学生能够熟练掌握界面设计的流程和方法，并应用到实践项目中。

本章教学框架

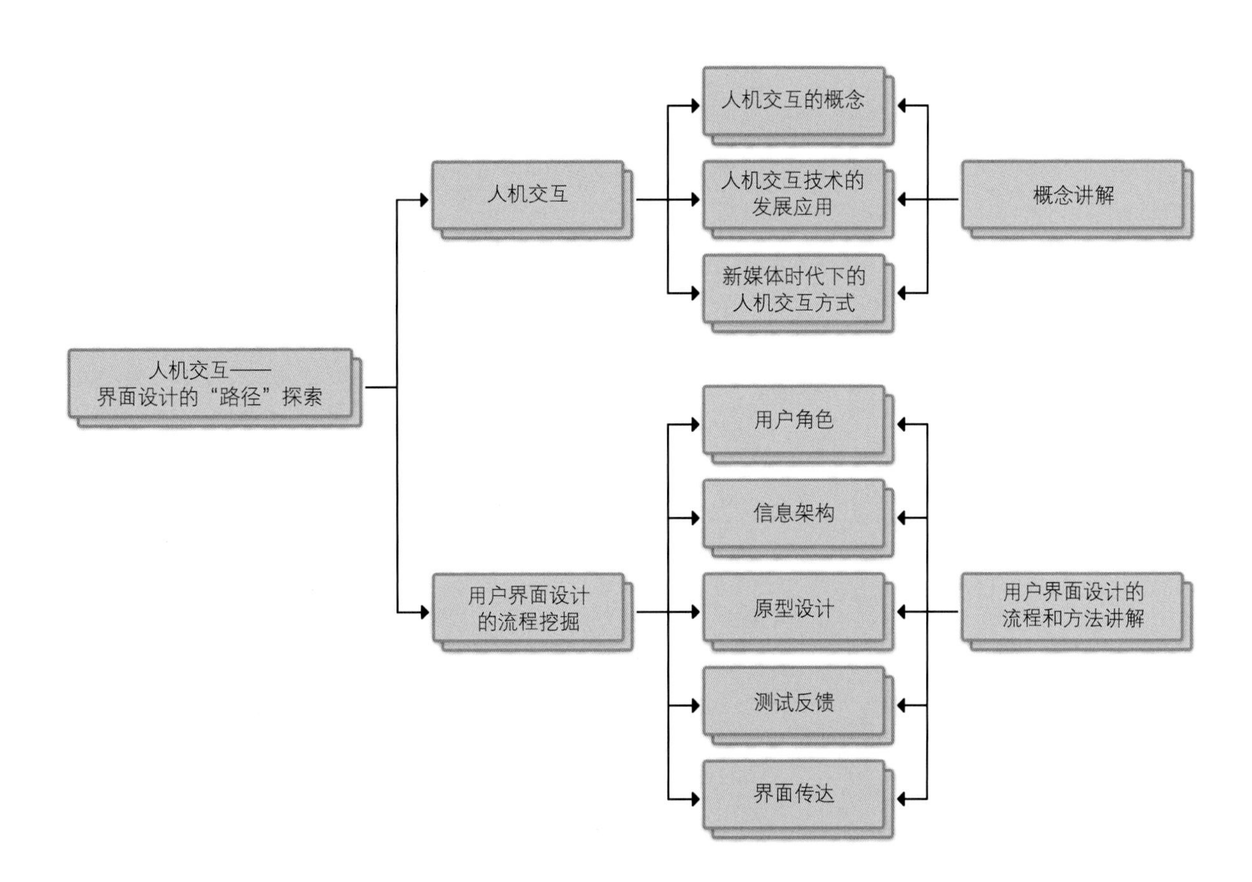
人机交互——
界面设计的“路径”探索
人机交互
用户界面设计
的流程挖掘
人机交互的概念
人机交互技术的
发展应用
新媒体时代下的
人机交互方式
用户角色
信息架构
原型设计
测试反馈
界面传达
概念讲解
用户界面设计的
流程和方法讲解

本章引言

人机交互技术是实现用户界面的基础，也是计算机用户界面设计中的重要内容之一。要实现理想的用户界面，必须对各种人机交互技术有所了解。本章将从人机交互的基本概念、人机交互技术的发展应用、移动互联时代下人机交互的多种方式来展开介绍。

界面设计作为引导用户使用产品的重要“面孔”，已逐渐成为设计学科等多个学科领域的重点研究课题。当然，界面设计有自己的设计流程和方法，这里我们把它称为“路径”，界面设计师需要按照这条“路径”来规划“环境”。“环境”规划的好坏直接关乎参与者（用户）浏览的心情和感受。

界面设计从最初的抽象概念到最后的面向用户，整个过程都必须从用户的需求和用户的感受出发，以“用户为中心的设计”是交互设计的核心与基础。因此，用户界面设计必须以以人为本的设计思维为轴心。本章的 2.2 节就是在此理论的基础上，从用户角色、信息架构、原型设计、测试反馈和界面传达五个方面来阐述界面设计的具体流程和方法。

2.1　人机交互

2.1.1　人机交互的概念

人机交互（Human-Computer Interaction，HCI）是指人与计算机之间使用某种语言，以一定的交互方式，完成人与计算机之间的信息交换过程，这种交换可以由人向计算机输入信息，也可以由计算机向人反馈信息。

人机交互的方式多种多样，越来越丰富，如键盘上的击键、鼠标的移动、显示屏幕上的符号或图形等都可以实现人机之间的交流，也可通过声音、姿势或动作等进行交互。随着计算机技术的不断发展，人机交互方式越来越回归一种更加自然和便捷的方式。正如比尔·盖茨所说的那样：“人类自然形成的与自然界沟通的认知习惯和形式必定是人机交互的发展方向。”而他曾经的预言：“电脑毫无表情的时代即将结束，21 世纪将是情感电脑大行其道的时代；未来计算机发展方向是让计算机能看、能听、能说、会思考！像人一样听得见、看得见，像人一样交谈，这些都将依赖于人机自然交互的发展。”现在看来，这些预言都已成为现实（见图 2-1）。

人机双向信息交换的支撑软件称为用户界面，如带有鼠标的图形显示终端，它是用户与计算机系统之间的通信媒介或手段。人机交互是通过一定的用户界面来展现的，尽管二者含义不同，但在界面开发过程中，有时把它们作为同义词使用。

>>> 知识链接

以用户为中心的设计，是一种吸引人的、高效的用户体验设计方法。简单地说，就是在进行产品设计、开发、维护时从用户的需求和用户的感受出发，围绕用户进行产品设计、开发及维护，而不是让用户去适应产品。以用户为中心的设计时刻高度关注并考虑用户的使用习惯、预期的交互方式和视觉感受。

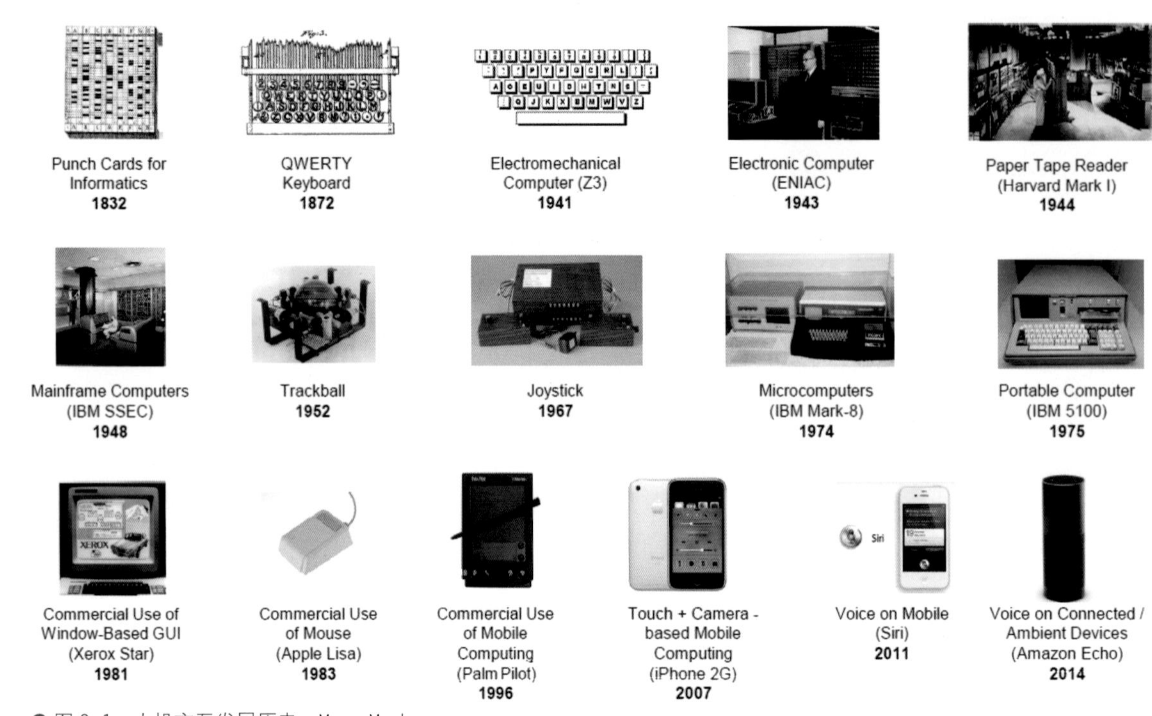

图 2-1 人机交互发展历史 Mary Meeker

>>> 知识链接

纵观计算机用户界面的发展，一般可认为是经历了从键盘到鼠标、到触屏、到语音这样的发展历程，人机交互也逐步经历了基本交互、图形交互、语音交互、体感交互。在未来，即使技术已经发展到体感交互，语音交互依然会是体感交互中的重要环节。

2.1.2 人机交互技术的发展应用

人机交互技术（Human-Computer Interaction Techniques）是指通过计算机输入和输出设备，以有效的方式实现人与计算机对话的技术。人机交互技术包括机器通过输出或显示设备给人提供大量有关信息及提示和请示等。人机交互技术是计算机用户界面设计中的重要内容之一。人机交互技术伴随着计算机的发展而发展，从早期的命令行界面，到基于窗口、菜单、图标、指针的可视化图形用户界面，再到如今的多通道、多感官、自然和谐的人机交互时代，人机交互技术经历了从人适应计算机到计算机不断适应人的发展过程。如今，人机交互技术领域热点技术的应用潜力已经开始展现，如智能手机配备的地理空间定位技术（见图 2-2）；应用于可穿戴设备、隐身技术和浸入式游戏等的动作识别技术（见图 2-3、图 2-4）；应用于虚拟现实、遥控机器人和远程医疗等的触觉交互技术；应用于呼叫路由、家庭自动化及语音拨号等场景的语音识别技术（见图 2-5）；应用于有语言障碍的人士的无声语音识别技术；应用于广告、网站、产品目录、杂志效用测试的眼动跟踪技术；应用于行动障碍人士的人机界面技术（见图 2-6）；等等。

图 2-2　智能手机配备的地理空间定位技术

图 2-3 （左）、图 2-4（右）应用于可穿戴设备、隐身技术和浸入式游戏等的动作识别技术

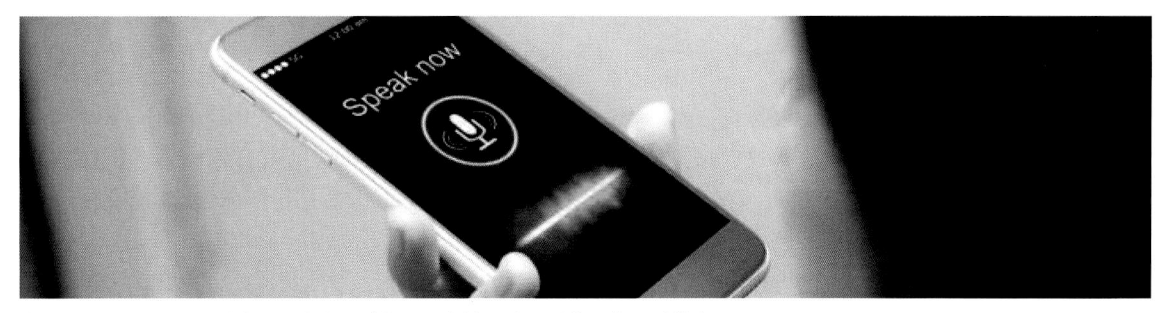

图 2-5　应用于呼叫路由、家庭自动化及语音拨号等场景的语音识别技术

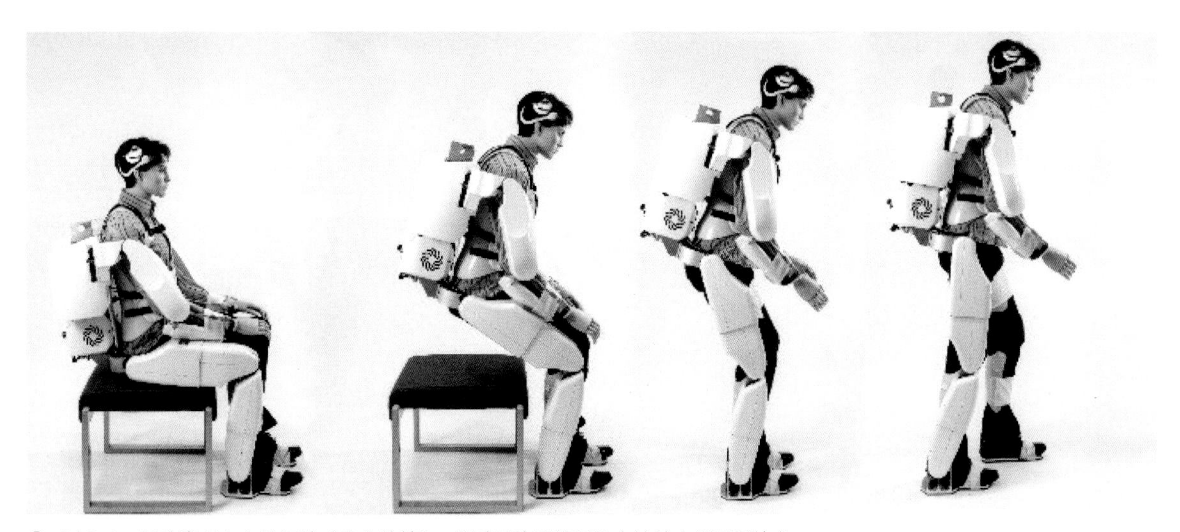

图 2-6　行动障碍人士使用的“意念轮椅”，其采用的是基于脑电波的人机界面技术

2.1.3 新媒体时代下的人机交互方式

新媒体是继报刊、广播、电视等传统媒体发展之后而兴起的新的媒体形态，是以数字技术、网络技术、移动技术为支撑，通过互联网、无线通信网、卫星等渠道，借助计算机、手机、数字电视机等终端，向用户提供信息和娱乐服务的传播形态和媒体形态。随着新媒体时代科技的不断发展，人机交互技术为人与机器的交流带来了无限的生机，让信息的传递更加生动便利。目前人机交互方式主要包括触摸交互、语音交互、体感交互、增强现实和虚拟现实、无声语音识别技术等，这些人机交互方式是新媒体时代下广泛应用的人机交互手段。

触摸交互

触摸交互是目前应用最为广泛的交互方式，随着触摸屏手机、触摸屏计算机、触摸屏相机、触摸屏电子广告牌等产品的出现，人们与屏幕之间互动更加频繁。由于触摸屏具有便捷、简单、自然、节省空间、反应速度快等优点，自面市以来迅速被人们接受，成为时下最便捷的人机交互媒介。

多点触控技术（Multi-Touch Techniques）是基于触摸屏的更为先进的人机交互手段。多点触控取代了鼠标和键盘操作，通过人的手势、手指或其他外在物理实物直接与计算机进行交互。多点触控实现了多点、多用户同一时间直接与虚拟环境交互，是时下最为流行的触摸交互方式。多点触控不同于单点触控（每次只能识别和支持一个手指的触控或点击），它可以通过屏幕识别人的五个手指同时做的点击、触控动作（见图 2-7）。随着触摸技术的不断发展，触摸交互不再受手机、平板电脑等小尺寸界面的限制，而转移到墙壁、建筑等更大面积的物理界面或虚拟空间中。伴随着智能家居技术的不断成熟，触摸交互技术将允许我们通过各种虚拟按键控制室内环境，进行远程医疗、智慧教育、桌面游戏等，触摸交互真正走进人类的日常生活中。

除此之外，预触摸技术的提出无疑开启了未来人类与移动设备互动方式的新篇章，该技术能够预知用户如何与设备进行互动，通过手机传感器来发现用户手指动作原理。举例来说，这种手机可以探测到手指接近屏幕，并预知用户的意图。此外，它还能探测用户如何抓取设备并提前调节显示控制，方便用户使用（见图 2-8）。尽管如此，预触摸技术依然处于初期阶段，未来对预触摸技术的探索仍具潜力。

图 2-7 ROLI Lightpad Block 是一个直观和富有表现力的触摸交互方式，是全新的电子音乐创作方式，其控制面板基于发光 LED 的触摸表面构建，使用户可以通过不同的触摸方式对声音进行物理操作

Dance Groove Kit
Classic Acid Bass
Worlds apart
Song 1
Dance Groove Kit
Wobbling Low Pass

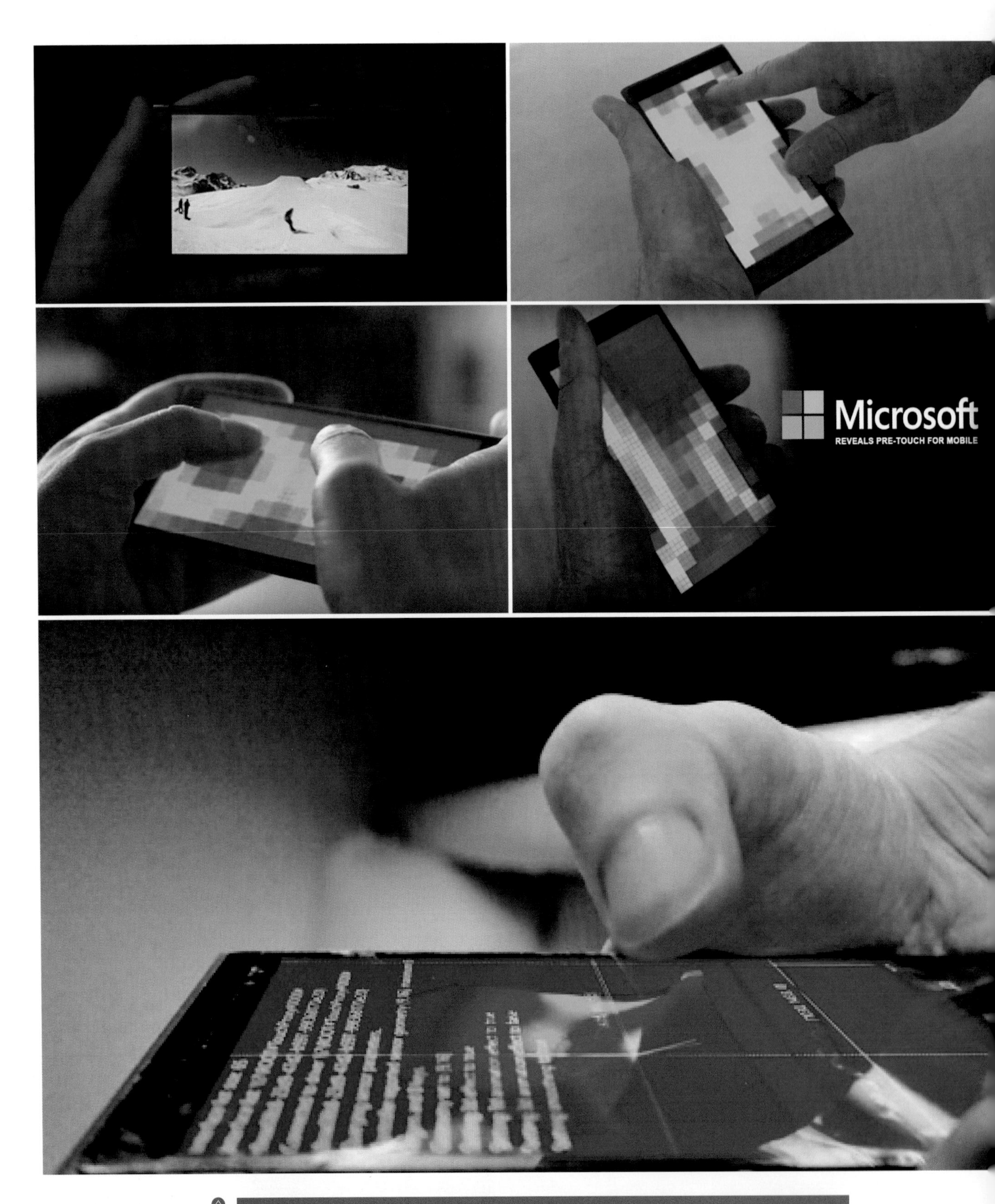

图 2-8 2016 年，微软在美国加州圣何塞人机交互大会上展示这项预触摸技术。当用户的手指接近屏幕的时候，带有预触摸技术的手机便可以探测到，并预知用户想要做什么，是想要控制视频播放功能还是其他需求。此外，它还能够探测到用户抓取手机设备的方式，并提前调节显示屏幕的控制器，以方便用户使用

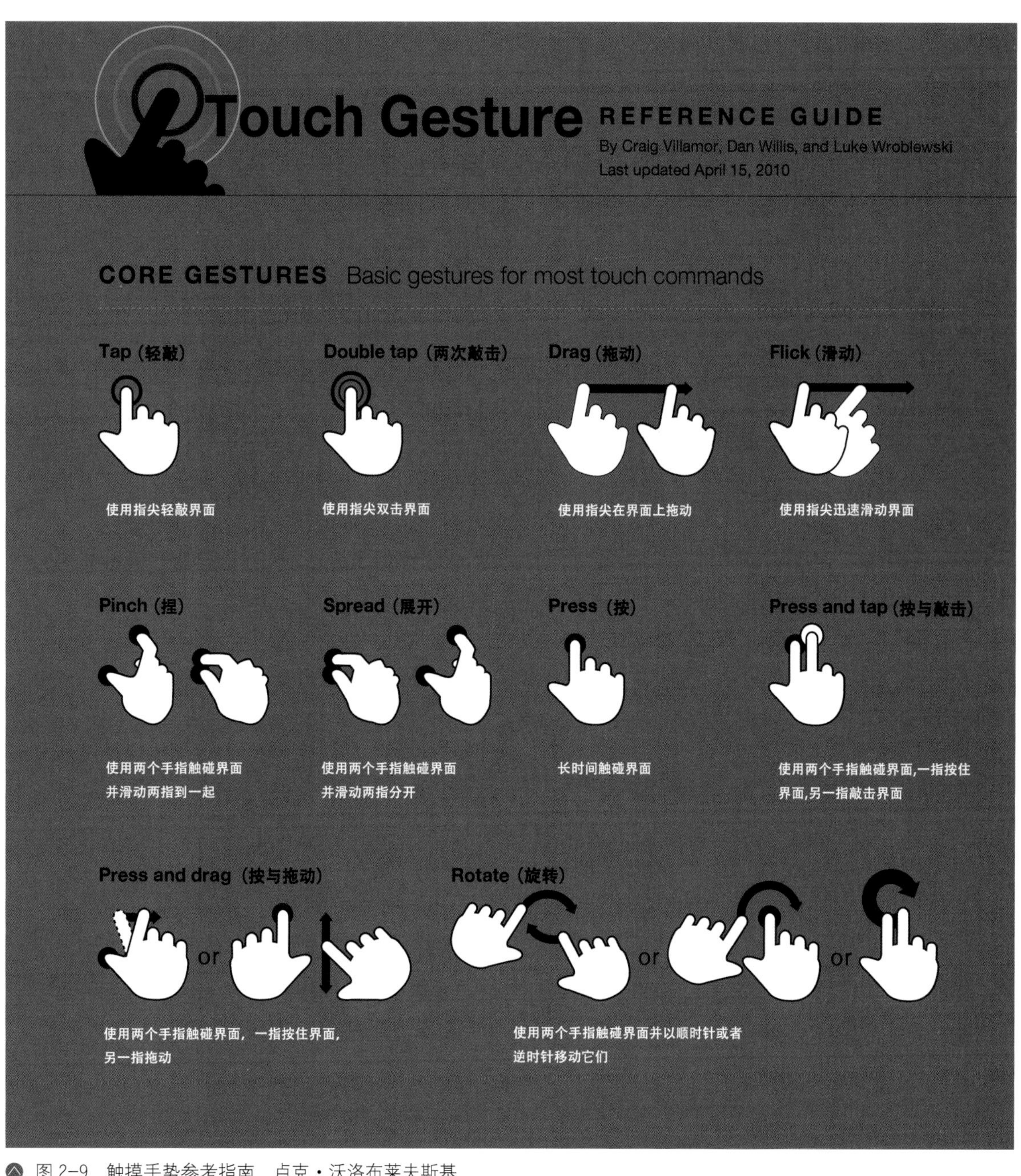

图 2-9 触摸手势参考指南 卢克·沃洛布莱夫斯基

>>> 知识链接

操作手势是一种在移动终端上使用越来越频繁的交互操作方法。图 2-9 是卢克·沃洛布莱夫斯基提供的触摸手势参考指南，此指南可以为界面设计师或用户体验设计师提供参考。从指南中我们可以了解到多数触摸命令的核心手势及如何利用这些手势来支持主要的用户行为。除此之外，每个动作的视觉表示和流行软件平台支持的核心触摸手势等相关内容也会被提及。

【卢克·沃洛布莱夫斯基提供的触摸手势参考指南】

语音交互

语音交互是指用户直接用语音来控制移动终端，以语音作为用户信息输出方式。语音交互是利用先进的语音识别技术、语音合成技术和语音理解技术，以及它们的整合而开发的交互方式。语音识别是未来人机交互最被看好的交互方式之一，尤其是当下各种可穿戴设备的应用和普及，用户可以通过对话的方式轻松发出指令。语音交互凭借其操作简单、使用方便、学习成本低等显著优势成为最自然的信息交流方式。目前，语音交互应用广泛，包括移动终端、智慧家居、车载语音等多个领域。随着语音交互技术的不断发展，语音交互方式越来越趋向智能化，并逐步展现其强大的应用潜力，如为消费、金融、教育、医疗等行业提供智能客服、语音转录、机器翻译、机器配音等（见图 2-10）。

体感交互

体感交互（Tangible Interaction）作为新式的、富于行为能力的交互方式正在转变人们对传统产品的认识。体感交互是一种直接利用躯体动作、眼球转动等方式与周边的装置或环境进行互动的方式。

在体感交互过程中，用户可以根据情境和需求自然地做出相应的动作而无须思考过多的操作细节。换言之，自然的体感交互削弱了人们对鼠标和键盘的依赖，降低了操控的复杂程度，使用户更专注于动作所表达的语义及交互的内容。体感交互更亲密、更简单、更通情达理，也更具有美学意义。想象一下，此刻的你正站在一个大屏幕前，通过手指滑动、点触等简单的操作手势就可以轻松地实现对商品的浏览和购买，与此同时，商家也可以通过后台系统精准地获取用户的消费反馈，并通过计算机摄像头和匿名识别技术等记录消费者的面部表情、性别、停留时间等，从而更为全面地了

图 2-10 基于语音交互技术的翻译软件的用户界面 腾讯翻译君 App

解自身产品对每一类消费者的吸引程度，以便制定更加有效的营销策略（见图 2-11）。

目前，体感交互技术已广泛应用于游戏、教育、医疗等多个领域，如微软公司出品的 XBOX360 游戏机的体感游戏（见图 2-12），玩家需要调动全身的动作参与游戏，使自己真正进入游戏情境。不同的游戏需要运用不同的身体动作进行控制。在医疗领域，未来医生可以通过手势来控制计算机中的医学图像，免去了医生反复脱戴手套、消毒的烦琐步骤，提高手术时效性和洁净度。除此之外，体感交互技术还可以帮助患者进行运动训练与康复治疗等（见图 2-13）。

图 2-11　基于体感交互技术的购物体验　Demodern

图 2-12　XBOX360 游戏机的体感游戏　微软公司

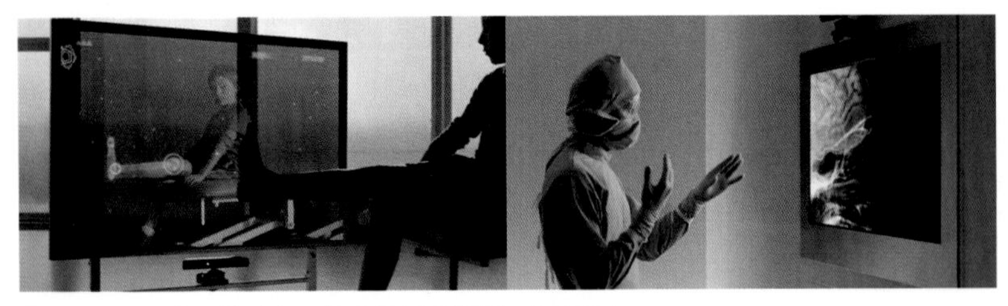

图 2-13 应用体感交互技术的医疗场景 X-TECH

增强现实和虚拟现实

增强现实（Augmented Reality，AR）技术，是一种利用计算机系统产生的三维信息来增强用户对现实世界感知的新技术。一般认为，增强现实技术的出现源于虚拟现实（Virtual Reality，VR）技术的发展，但二者存在明显的差别。传统虚拟现实技术追求给予用户一种在虚拟世界中完全沉浸的效果，而增强现实技术则把计算机带入用户的“世界”中，强调通过交互来增强用户对现实世界的感知。增强现实技术将真正改变我们观察世界的方式。日本导演松田庆一在他的电影作品 *Hyper-Reality*（见图 2-14）中向我们呈现了一个完全虚拟的未来社会化图景，通过增强现实技术，将真实世界的信息与虚拟的信息同时显示出来，讲述未来科技和商业将如何在视觉上主宰我们的生活。目前，无论是增强现实技术还是虚拟现实技术，都已在众多行业和领域得到较为深入的应用。总而言之，基于增强现实和虚拟现实技术的未来，一定会让人机交互方式更加充满活力和挑战。

图 2-14 *Hyper-Reality* 松田庆一

ENVIGADO F.C.
COOTRASANA
AT THE NEXT STOP
NEXT STOP
éxito
GET OFF NOW
LOS SOCIOS
513 70 25

COCONUTS
$2.20
buy one to
UPGRADE YOUR KENNEL
x2
POINTS
level 99
customer support
Hello Emilio. What can
What's happening? Are my points safe?
Don't worry, your points are secure with me.
Terms
DANGER! SEXY GIRLS
FITNESS FUEL
TRY IT!
build muscle
increase fertility
Useful information
points
éxito
level 0
movistar
call us
connected
menu

无声语音识别

无声语音识别（也称为默读识别）是指使用者不需要发出声音，系统就可以将其喉部声带动作发出的电信号转换成语音，从而破译人想说的话。但该技术目前仍处于研发阶段。眼动追踪、人脸识别、脑电波操控都可以划归到无声语音识别技术里来。在嘈杂喧闹的环境里，以及水下或者太空中，无声语音识别是一种有效的输入手段，相信未来无声语音识别技术还会应用在更加广泛的领域中（见图 2-15）。

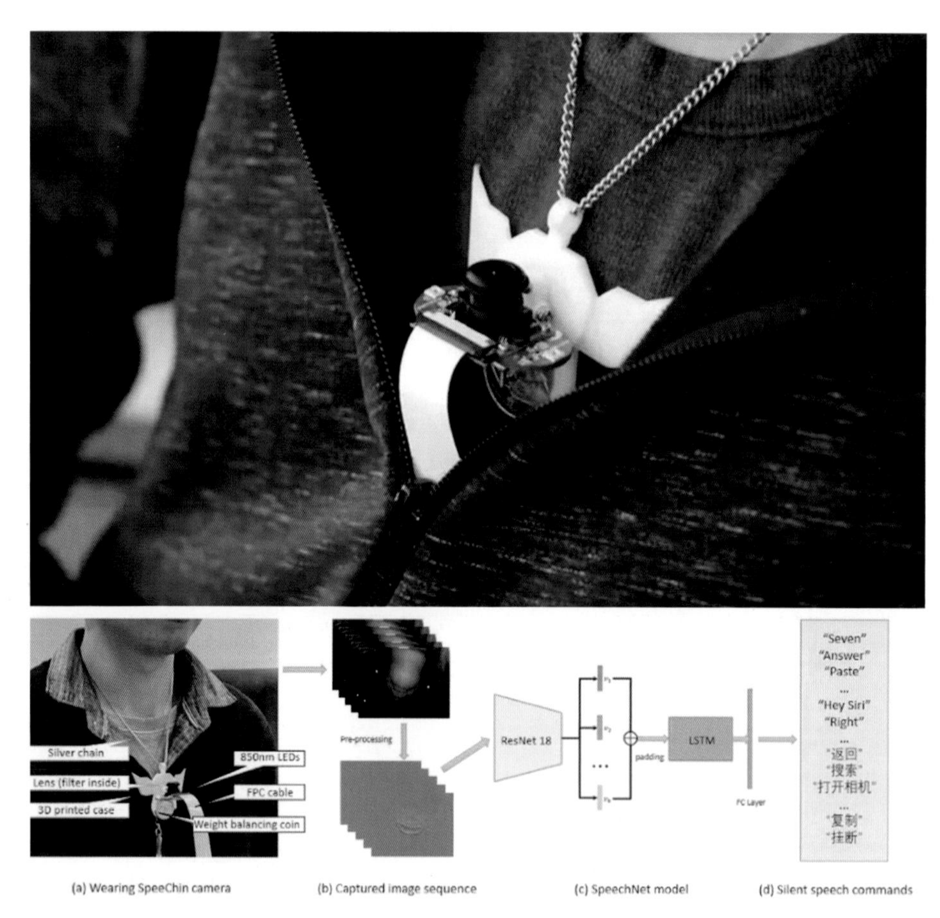

图 2-15 无声语音识别 SpeeChin 康奈尔大学华人团队

2.2　用户界面设计的流程挖掘

无论是短期还是长期项目，用户界面设计都遵循一般的流程。如图 2-16 所示，我们可以了解用户界面设计的一般流程，界面设计师在这里所扮演的角色不仅仅是美工，他从项目开始就发挥着作用。从前端到后端再到最终设计的呈现，每一个阶段都需要界面设计师的关注和参与。新时代的界面设计师应该培养“全链路”的设计思维，能够参与到整个项目中，为每一个影响用户体验的地方给出可实施的方案策略，不断迭代自己的设计方案，同时注重增强自己的硬实力和软实力，在具备用户研究、交互设计、视觉设计、开发运营等多学科领域知识的同时（硬实力），注重提升自己的沟通能力和团队协作能力（软实力）。

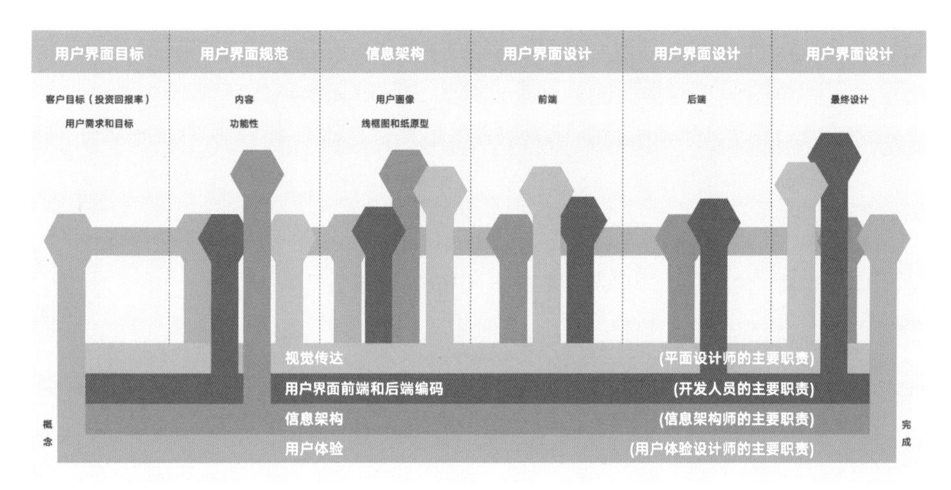

图 2-16　用户界面设计的一般流程　Dave Wood

2.2.1　用户角色

了解用户是界面设计的第一步，也是决定界面设计好坏的关键所在。如何走进用户，更加直观地了解用户的需求，还原真实的用户场景，让产品与用户的需求高度契合呢？我们可以通过创建“用户角色”的方法来解决。在界面设计过程中，创建“用户角色”可以大致分为以下几个环节。

（1）通过用户观察法、用户访谈法、问卷调研法、焦点小组法等对产品的目标用户进行分类，建立用户画像。

用户角色的建立必须是基于真实的世界，走进用户是收集数据最有效的方式，其中包括面向实际用户或潜在用户的用户观察法、用户访谈法、问卷调研法和焦点小组法等。

用户观察法

用户观察法是非常直接的方式。在用户界面设计中，用户观察法主要是观察用户在实际环境中对于某种特定的产品或服务的真实反应。在观察过程中，最重要的是获得一些用户的细节信息，以便得出用户的行为和需求。

用户访谈法

用户访谈法是通过对谈的方式来了解用户的需求，通常情况下访谈是一对一进行的，根据实际情况一般不会超过 15 人。在访谈之前需要制订详细的访谈计划；在交谈过程中通过对话方式来获取信息，主动引导用户讲故事，深入了解用户的场景；在访谈结束后要对本次访谈的内容进行整理分析，通过提炼和聚焦信息来帮助我们解决问题。

问卷调研法

问卷调研法是一种定量的用户研究方法，通过设问的方式来表述问题，制订表格，并向目标群体进行投放，从而收集用户的普遍观点和感知。问卷调研法没有用户访谈法的自由性，通常问题设定后就无法更改，但是它可以以较低的成本捕捉到大部分目标用户的想法，具有收效快、标准程度高等优势。

焦点小组法

焦点小组法又称小组座谈法，是指从已确定的全部观察对象中抽取一定数量的观察对象组成样本，根据样本信息推断总体特征的一种方法。焦点小组法采用小型座谈会的形式，由一个经过训练的主持人以一种无结构、自然的形式与一组具有代表性的用户或消费者交谈，从而获得对有关问题的深入了解。

用焦点小组法来了解用户对于界面的需求是非常有效的一种方法，可以第一时间获取用户对产品的反馈和反应，同时也有利于及时地寻找出被测试的产品与用户期望值之间存在的差异。

以上是用户研究的四种常用的方法，各有优势和不足，在实际应用中，应该根据不同产品的功能特点和目标需求来选择合适的方法。对用户的研究不能仅停留在产品设计的初期，应该贯穿整个设计项目的始终，用户必须是界面设计过程中持续关注的焦点（见图 2-17）。

当我们通过上述方法收集到了用户的大量数据后，接下来就是对用户人群进行分类，通常可以从以下这些维度和因素中选择用户分类的关键信息：人口统计学信息、计算机背景（包括用户的互联网使用背景）、上网地点、收入水平、职业、地域，以及用户对于该产品的一些使用经验或偏好，使用过哪些同类产品？使用的目的是什么？认为哪些最好用？影响选择某款产品的因素有哪些？通过哪些途径得知的？使用产品的态度及使用过程中的具体行为等（见图 2-18）。

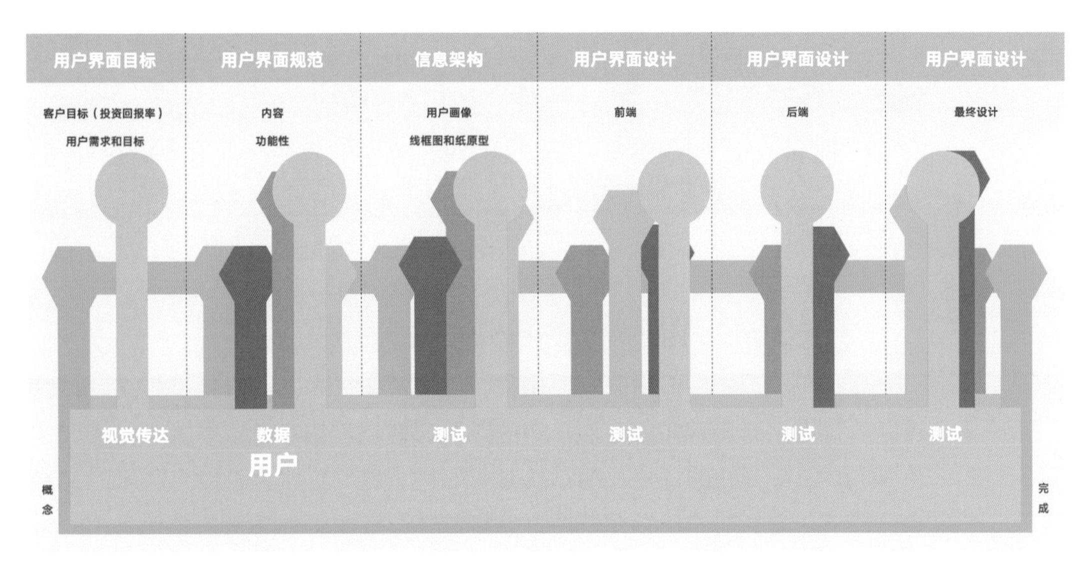

图 2-17　用户贯穿界面设计全过程　Dave Wood

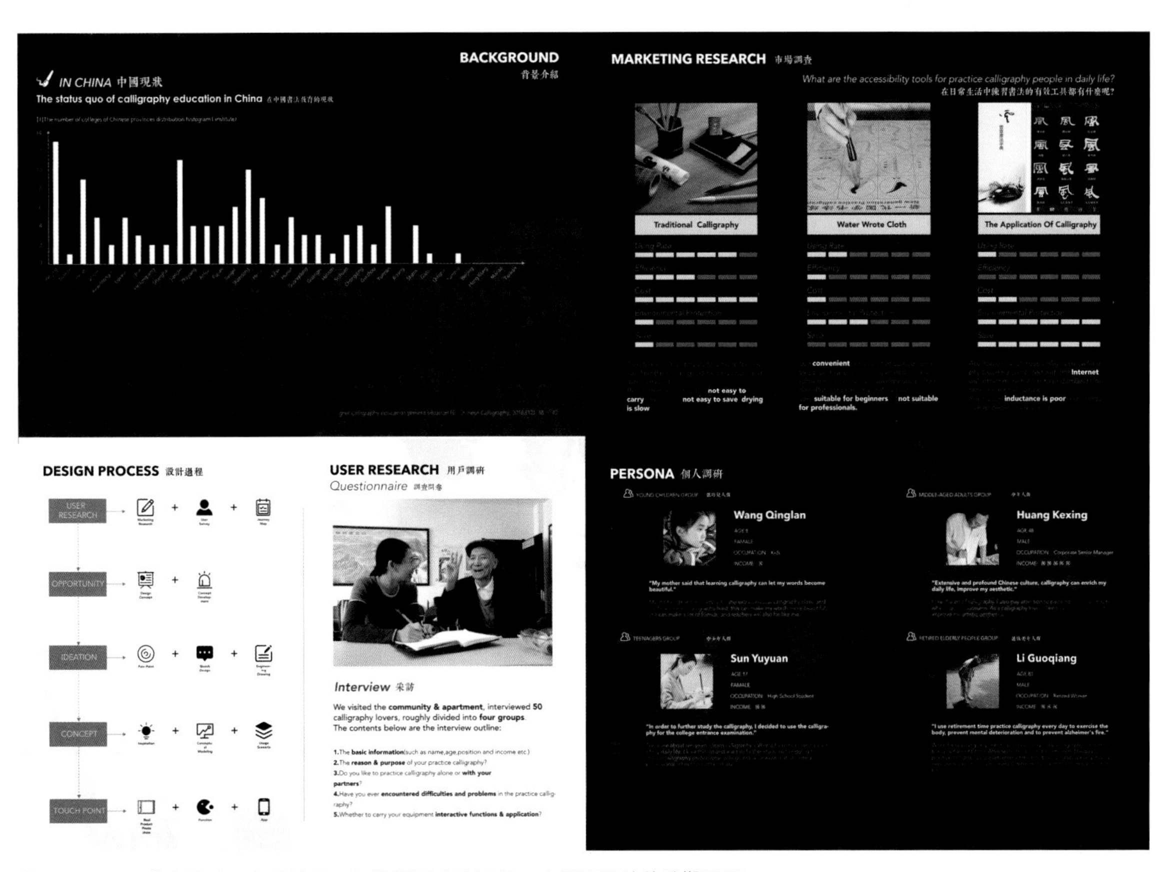

图 2-18　学生通过用户访谈法、问卷调研法等进行用户界面设计的前期调研
作者：姚雪狄　张馨月　　指导教师：郭森　佟佳妮

（2）根据具体的产品功能模块，进行用户角色分类。

通常情况下，一款互联网产品只有大范围的用户角色的区分是远远不够的，因为对于产品中的某一个功能模块来说，前期的用户画像和分类往往只能作为参考，而在任务中的角色划分会直接地影响产品的设计。这就要求我们在每个功能的任务中都要弄清楚任务干系人有哪些，其中包括任务主角、二级人物角色、辅助人物角色、客户角色、受惠角色、消极人物角色等，当然不是每个任务里都包含以上所有干系人，要结合实际功能和任务来具体分析。

（3）**定义用户角色，模拟使用场景，绘制故事板。**

通过对用户人群的分类，对用户角色和任务干系人的具体分析，我们就可以有效地定义用户角色。用户角色代表目标用户的原型，事实上，用户角色并不是实际存在的用户，而是从对实际用户的研究中概括综合而来的，成为用户的化身。确定用户角色后，就可以还原真实的使用场景和任务，并将它们置身于一个简短的故事情节中。

用户角色的组成内容通常包括角色的背景信息、用户照片、用户目标、用户期望、用户的详细任务、事件发生的场景叙述和要突破的挑战等（见图 2-19）。

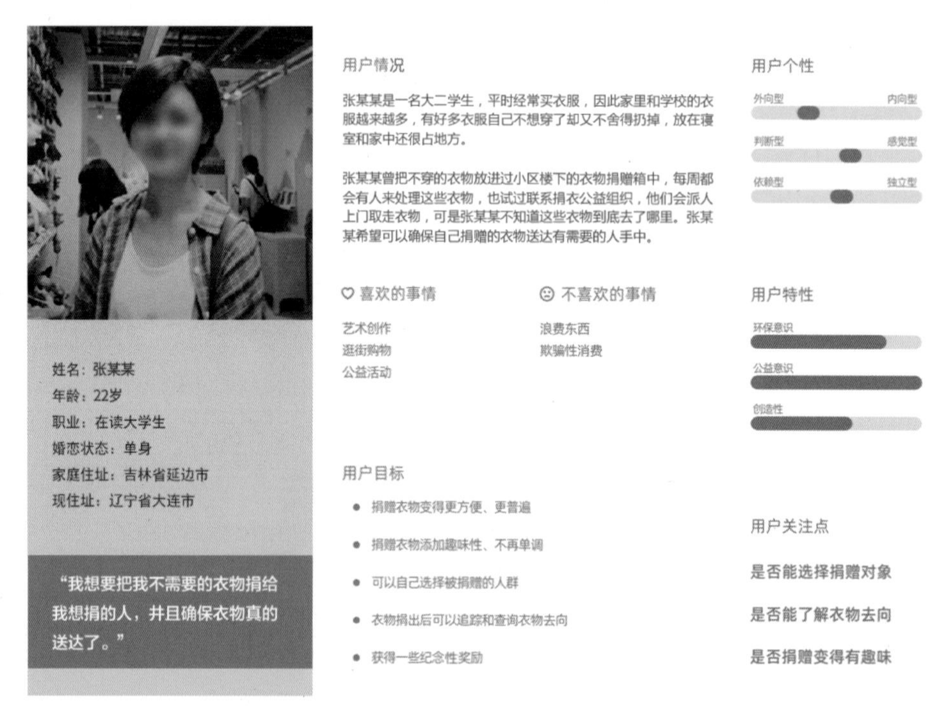

图 2-19 “循环无废”未来社区——旧衣物回收设施程序与服务系统设计项目的用户角色定义（用户画像） 学生作品

在完成以上相关内容的撰写后，可以借助故事板（Storyboard）（见图 2-20）的形式来描绘用户使用产品的整个过程和方法。故事板的基本要素包括角色、场景和情节，通过几幅关联的图片来描述谁在何种场景下通过什么手段或具体的行为来完成何种目标，以及获得的反馈和评价等。故事板的绘制可以帮助设计师直观地了解用户与产品如何交互，从而创建或改进设计方案。

旧衣物回收与服务系统设计流程

我要捐衣
1.找到装置　捐赠衣物
用户通过手机app找到捐赠装置，并通过屏幕提示放入衣物，用手机app扫描装置屏幕上的二维码进行捐衣操作

2.交互创作　获得证书
app操作完成后屏幕上会出现一系列可供选择的艺术家图像，用户可用多种多样的布料进行图像填充创作。创作完成后将科普该艺术家，最后用户创作的拼贴装饰画将和捐赠证书一起打印出来，给用户带走留念

3.生成编号　追踪去向
用户捐出的衣物将在app中生成衣物编号，用户可在app中随时获取衣物的位置信息，了解衣物的去向

4.衣物送达　收到感谢信
衣物将送达用户选择的如留守儿童、残障人士等弱势群体手中，实现捐赠的目的，用户将收到被捐赠人发来的感谢信

1
我是Lucy，我家里有好多我不穿却又舍不得扔掉的衣服，非常占地方，令我十分苦恼

2
一天，我通过手机广告了解了旧衣物回收与服务系统，它是一款以捐赠衣物为主的公益活动服务系统，帮助人们处理家中多余衣物的同时还能帮助有困难的人

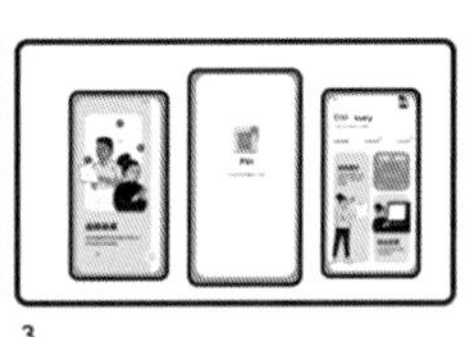

3
我下载了app，注册账号并且在主页阅读了解了衣物回收系统的流程

4
我决定捐衣，根据app上“附近装置”获取最近的设备地点，根据导航前往设备所在地

5
我在我的小区楼下附近找到了衣物回收装置，来到触控显示屏前点击“我要捐衣”

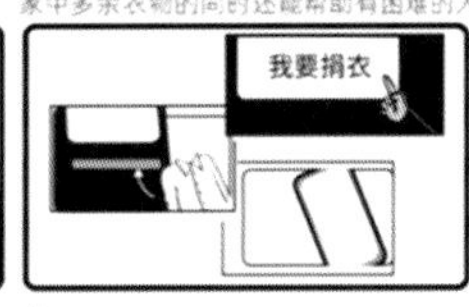

我要捐衣
6
点击完我根据屏幕上的指示将需要捐赠的干净衣物从固定入口放入装置，待屏幕显示二维码时，拿出手机打开app扫描二维码

7
扫描后我在app上选择捐赠衣物类别后，app向我推荐被捐赠人名单和资料，我选择了一名坐轮椅的女孩，我给她写了一段鼓励的话，随后显示已捐出并生成了衣物编号

8
我捐出后，装置屏幕上展示了一系列可供选择的艺术家主题图像，我选择了一个感兴趣的，用系统提供的各式各样的布料创作了一张拼贴装饰画，完成后屏幕上科普了这位艺术家——草间弥生

9
完成后装置将我亲自创作的艺术装饰画和一张捐赠证书打印出来，我开心地把它们带回家

10
几天后，我在app的“衣物运输”页面中看到我捐的衣物已经开始运输了，以后每天我都会关注动态，直到衣物送达女孩手中

11
我又捐赠了很多次，把获得的装饰画挂在家中装点客厅和卧室，把我获得的证书收藏起来

12
被我捐赠衣服的女孩给我发来了感谢信和她的照片，我非常开心

图 2-20　“循环无废”未来社区——旧衣物回收设施程序与服务系统设计项目的故事板设计　学生作品

>>> 知识链接
故事板（Storyboard），又称分镜或分镜脚本，是指电影、动画、电视剧、广告等各种影像媒体，在实际拍摄或绘制之前，以故事图格的方式来说明影像的构成，将连续画面以一次运镜为单位作分解，并且标注运镜方式、时间长度、对白、特效等。这里的故事板指交互设计中的故事板，是帮助设计师直观地预测和探索用户体验的工具。

2.2.2 信息架构

创建用户角色之后，就要进行非常关键的一步——信息架构（Information Architecture，IA）。信息架构是界面设计的骨架，它决定了用户对产品的最初印象、整体体验、产品的布局和未来的发展方向。信息架构的主要任务就是为用户和信息之间搭建一座畅通的桥梁，是信息最直观表达的载体。那么到底什么是信息架构呢？信息架构最初应用在数据库设计中，是对某一特定内容里的信息进行统筹、规划、设计和安排等一系列有机处理的想法。简单来说，就是对信息组织、分类的结构化设计，以便于信息的浏览和获取。

在交互设计中，尤其在界面设计中，信息架构主要用来解决内容设计和导航的问题，即如何以最佳的信息组织方式和导航方式诠释内容，以便用户能够方便快捷地找到他们所需要的信息。因此，信息架构就是合理的信息展现形式。合理的信息架构使互动内容能够有组织、有条理地呈现，从而提高用户的互动效率。

在界面设计中，建立“线框图”是信息架构最常用的方式之一，通过界面线框图，可以将产品内容、导航的层级，以及每个功能模块的层级关系清晰地呈现出来。通常，线框图只有方框和一些极少的文字，不需要美感或代码编写的考虑，但对于标题、页脚、侧栏、导航、内容区块和次链接的全尺寸位置的显示却不容马虎，应准确地呈现出产品的视觉层级、导航顺序和内容区块（见图 2-21）。

信息架构重点表现的是不同内容间关系的复杂性，以及导航是如何起作用的。导航最重要的作用是为用户引路，告诉用户现在在哪里，还可以去哪里。导航设计建立在信息架构的基础上，合理的信息架构是保障导航设计的关键。导航设计的目的是帮助用户检索到所需要的信息，高效地完成任务和实现目标。一个优秀的导航设计应该满足以下要求：①导航设计必须提供给用户一种在界面间跳转的方法；②导航设计必须传达出导航元素和它们所包含内容之间的关系；③导航设计必须传达出导航元素和用户当前浏览界面的关系。

卡片分类法（Card Sorting）可以用来检测和验证信息架构和导航设计是否合理，这也是以用户为中心的设计方法之一，具体做法就是准备一些大小相同的空白卡片，将资料集的名称一一写在不同的卡片上，然后归类，既可以事先提供固定的分类，也可以由用户自己创建分类。当用户拿到卡片后，可以将他们觉得属于同类的卡片放在一起，并在每一叠不同分类卡片的最上

>>> 知识链接

数据库设计（Database Design）是指对于一个给定的应用环境，构造最优的数据库模式，建立数据库及其应用系统，使之能够有效地存储数据，满足各种用户的应用需求（如信息要求和处理要求）。在数据库领域内，常常把使用数据库的各类系统统称为数据库应用系统。

方，用空白卡片写上最合适的分类名称。在分类过程中，如果有不知如何分类的卡片，可以将它拿出来，卡片不一定要全部分完。如果有不知该如何填写名称的分类也可以空着。卡片分类法图示如图 2-22 所示。

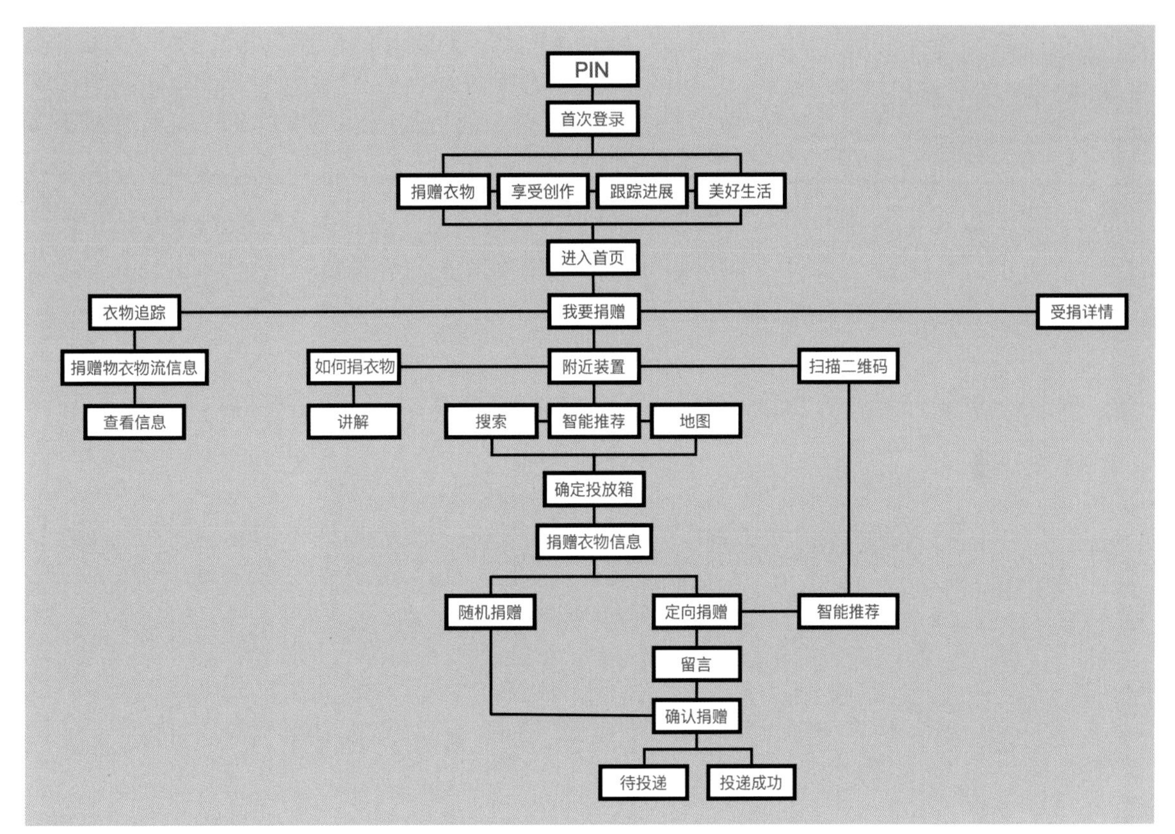

图 2-21　“循环无废”未来社区——旧衣物回收设施程序与服务系统设计项目的线框图　学生作品

图 2-22　卡片分类法图示

在经过几轮的测试后，我们可以将测试所得的结果拿来和原先所做的信息分类进行对比，通常我们在对比后，会发现原本的部分分类与用户的逻辑有所不同；如果多数的用户都倾向某种分类方式与分类名称，那么就必须依照用户的逻辑进行修改。如果不同的用户对某部分的分类想法出现分歧时，就必须进行进一步的分析，找出原因，通常出现这样的情形是因为资料集的名称不够明确，让用户不清楚该如何分类。在对比用户的分类后，并不一定非要完全依照用户的分类方式。但无论如何，测试的结果会是一个很重要的参考依据，它可以帮助我们设计出符合用户习惯的产品信息架构。

通过卡片分类法，一方面可以对导航、内容组织等提供有价值的参考；另一方面可以了解用户所想，以便更好地完成导航设计、图标、内容组织等界面设计内容。

>>> 知识链接

以下情况建议使用卡片分类法：

① 界面设计中包含的信息量非常大，需要进行分类整理。

② 主界面的导航设计或者在产品升级换代需要改版的时候。

③ 需要了解用户对分类的想法时。

2.2.3 原型设计

原型（Prototype）是进行概念设计的常用方法，是设计师构想的最终体现。以界面设计为例，在完成前期的信息架构之后，就是原型开发的设计阶段。创建用户界面原型的主要目的是在产品实际设计与开发之前揭示和测试界面中各个组成部分的功能性与可用性，不涉及代码和视觉传达问题。因此，原型设计第一要素是服务于应用开发，它所起到的不仅是沟通的作用，更有检验信息传递效果的作用。通过内容和结构展示，以及粗略布局，说明用户将如何与产品进行交互，体现开发者及界面设计师的想法，体现用户所期望看到的内容，以及体现内容相对优先级，等等。

一般原型可以根据保真度分成三类：低保真原型、中保真原型和高保真原型，设计师可以根据自己的不同需求来选择合适的原型类型。如果需要快速地解决某些不确定的问题，低保真原型比较合适；如果想评估整个产品的功能和设计流程，可选择中保真原型；如果想获得更多如外观、感觉和动画等元素的细节，高保真原型更合适。

低保真原型

纸质原型是最早的低保真原型，就是画在纸张或白板上的设计原型，因为它不是电子的，有些设计师认为它们根本不是原型。所以，很多情况下，低保真原型也会借助一些简单的软件工具来完成。在界面设计中，低保真原型侧重关注界面的核心功能和产品框架，因此在原型设计上只提供最简单的框架和元素。低保真原型的优势很多：创建快速、易于修改、容易操作、成本低等，但同时也存在精度低、细节显示不足、不易演示、沟通成本高等方面的问题（见图 2-23）。

中保真原型

中保真原型是在低保真原型的基础上，提供更多的功能细节和交互细节，是最常用的原型类型，它侧重于呈现产品的功能流程和交互，其优势在于能够以较低的制作成本获得较高质量的内容。在大部分情况下，中保真原型可以基本满足设计师的需求，既表现了软件的功能特性和交互过程，又具备一定的细节，用户基本可以体验到最终产品的雏形，其缺点是花费时间略多（见图 2-24）。

高保真原型

高保真原型是最接近实际产品的原型类型，体现了更多的产品细节，视觉上几乎与实际产品等效，体验上与真实产品接近。高保真原型侧重产品的视觉呈现和美学体验，因此在细节展现上非常直观，沟通成本较低，但正因

图 2-23 “循环无废”未来社区——旧衣物回收设施程序与服务系统设计项目的低保真原型设计 学生作品

为如此，高保真原型在制作上需要消耗更多的精力和时间，导致设计师对产品最核心的结构、框架和流程思考不到位，同时修改成本较高(见图 2-25)。

原型设计在人机界面开发过程中是非常必要的，原型设计的核心在于测试反馈，对于原型类型的选择，很大程度上取决于测试的目标、设计的完成度、设计的工具及可用性测试中所有可获得的反馈资源。不管选择何种原型类型，最终的目的都是测试用户与产品的交互是否流畅，进而帮助设计团队在产品正式开发前发现潜在的问题和不足。因此，设计师应该综合产品的需求和团队的情况来选择合适的原型和工具。

图 2-24 “循环无废”未来社区——旧衣物回收设施程序与服务系统设计项目的中保真原型设计 学生作品

图 2-25 “循环无废”未来社区——旧衣物回收设施程序与服务系统设计项目的高保真原型设计 学生作品

>>> 知识链接
界面常用原型设计工具：Mockplus、Axure RP、Justinmind、Flinto、Proto.io、Balsamiq Mockups 等。

2.2.4 测试反馈

在得到原型后，要对原型进行测试评估，并发现问题，进而对原型进行修改和测试评估，所以是一个迭代设计的过程。所谓迭代设计就是在设计过程中根据用户的需求不断修改设计方案以确保用户的满意。在界面设计中，测试重点主要针对用户界面的功能模块的布局是否合理、整体风格是否一致、各个控件的放置位置是否符合用户使用习惯，此外还要测试界面的操作便捷性、导航的简单易懂性、页面元素的可用性、界面中文字是否正确、命名是否统一、页面是否美观、文字和图片组合是否完美等。

以纸质原型为例，测试时，给用户提供一页“纸屏”并执行相关任务，围绕既定的任务，可以找到需要解决的相关问题。纸质原型测试时一次需要一张纸。一张纸代表的是一个窗口、一个菜单或一个动作等。用户可以用手指点击按钮，每个按钮可以链接到其他纸屏，每当用户点击一次，纸屏就会改变一次，代表一个交互步骤。如果要对新增的元素进行测试，则要在测试之前制定好对应的纸质原型（见图 2-26）。

通过这种早期阶段的原型测试，有利于设计团队与目标用户建立沟通与协调，在测试过程中，通过观察会发现存在的问题，能帮助设计师理解用户的思考过程，寻找更好的解决方案。

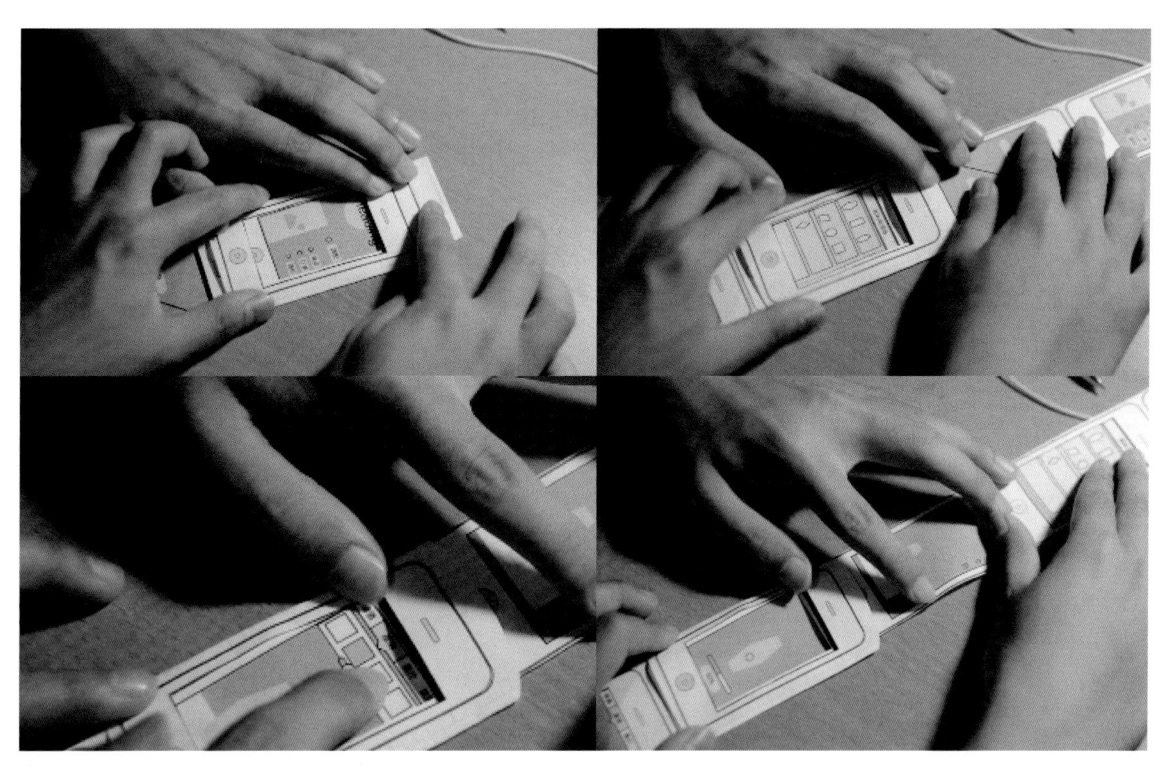

图 2-26　学生在进行纸质原型测试

>>> 知识链接

可用性测试，也称为实用性测试、易用性测试，是一项通过用户的使用来评估产品是否满足用户需求的技术，由于它反映了用户的真实使用经验，在用户体验中扮演了极其重要的一环。也就是说，可用性测试是指让用户使用产品（服务）的设计原型或者成品，通过观察、记录和分析用户的行为和感受，以改善产品（服务）使其更加贴近用户习惯。产品设计出来，大多可用，但是否贴近用户，实用和易用是测试的主要目的。由于测试并非产品变不可用为可用，而是不断地改进和优化从而减小产品和市场的差距，以提高产品本身的实用性。它适用于产品（服务）前期设计开发，中期改进和后期维护完善的各个阶段，是以用户为中心设计的思想的重要体现。可用性测试是可用性评估方法中最为常用的一种方法，作为人机交互研究的一个重要领域，已经被广泛研究。

2.2.5 界面传达

凯文·米莱（Kevin Mullet）和达雷尔·萨诺（Darrell Sano）曾提到：“设计关心的是寻找最合适的表现方式来传达一些具体的信息。”在界面设计中，这种最合适的表现方式就是通过屏幕中的视觉元素来传达人与机器互动信息。因此，界面传达是界面设计过程中最不容忽视的部分，这里我们可以把它简单理解为用户界面的视觉设计。不同于传统的平面设计或图形设计，人机互动独特的“交互性”使得界面的视觉设计不仅具有审美的需求，更重要的是通过一种合理的方式传达互动信息、暗示产品的交互功能和行为。因此，界面的视觉设计不仅是文字、色彩、图标等基本视觉元素的设计，还应该包括声音、动作与空间等基本交互要素的设计。

1. 界面设计的基本视觉元素

文字

文字是视觉信息传达的重要媒介，除了具有传达内容本身的功能，还能激发情感因素和心理因素，不同的字体在品牌形象的传达上会产生潜移默化的影响。在界面设计过程中，设计师必须重视文字的使用，根据不同的版式和不同的含义选择大小、样式、颜色、行距不同的字体。合适的字体不仅使信息传播更有效，还可以传达视觉审美效果，最重要的是提高用户的阅读体验并产生愉悦感。

色彩

从视觉信息传达的角度看，色彩是人们获取信息的第一语言，色彩运用的温暖度、重量感及距离感均能给人们带来不同的感受。心理学研究表明，人的视觉器官在观察物体时，在观察的最初的几秒色彩的感觉远超过对形体的感觉。特别是在界面设计中，色彩可以表达感情、唤起情绪、传递信息，决定界面设计的整体风格和调性。

图标

在人机互动中，图标具有比文字更大的信息传播优势。首先，人们辨识图标比辨识文字更加容易。研究表明，人们辨识图标的准确度近乎完美，它不受地域、文化、语言、民族的影响，是最生动直接的信息传播语言。其次，图标比文字更容易被记忆。因此，设计师可以使用图标来提高界面使用的速度和准确度。除此之外，图标在传递界面风格和品牌理念上也具有重要的作用。从符号学上讲，图标的功能在于建立计算机世界与真实世界的一种隐喻或映射。用户通过隐喻，理解图标背后的意义，在满足功能需求的同时，获得情感享受。

2. 界面设计的基本交互要素

声音

声音与视觉元素互补可以更好地传达界面信息。界面设计中的声音可能以背景音乐、语音、音效等方式出现。音乐可以传达情绪，语音可以代替文字，音效可以用来提示或警示，等等。声音以它强大的交互能力在脱离图形、文字等信息的情况下单独存在。在人机交互中，声音一般可分为“语音映射”“语音交流”和“语音识别”三类。语音映射是运用最多的一类，各种提示音就是语音映射的运用。语音交流实际上是以语音输入代替以往的文字符号输入。语音识别和语音交流是相互配合使用的，在人机交互中，应充分合理地发挥声音的优势来提升产品使用感。

动作

在这里，动作可以被理解为对用户行为的设计，任何交互行为的发生，都可以加入动作或动态效果，比如常见的页面切换、动态导航、等待载入动画等。特别是在移动终端中，人和界面的行为交互主要通过手势操作，如点击、按压、拖拽、旋转、轻划、放大和缩小、按住拖拽等方式。手势操作可以让体验更便捷、更有趣，是一种强大的互动模式。因此，动作交互是界面设计从视觉到触觉的延伸，是人机交互设计中不应该被忽略的部分。

空间

运动的发生存在于某一空间中，无论是在一个空间内的移动，还是从一个空间到另一个空间移动，交互行为是在物理空间与虚拟空间之间进行工作和传递信息的。大多数时候，交互设计工作在物理空间和虚拟空间中同时出现。例如，当用户在空间中（物理空间）做出旋转音响按钮的手势，屏幕里（虚拟空间）即可看见音乐被打开，并通过计算机设备将声音传递出来。同样在特定空间内（屏幕里），我们依然可以通过三维建模的方式来模仿真实世界的对象（如数字博物展馆），并将用户置身于此特定空间当中。

综上所述，在界面设计中，设计师不仅要从视觉感受出发，对文字、色彩、图标等基本视觉元素进行设计，还应该考虑用户的听觉感受和触觉感受，合理运用声音、动作、空间等基本交互要素，这样产品才能在具备美感的同时包含情感，让信息传递更加有温度（见图 2-27）。

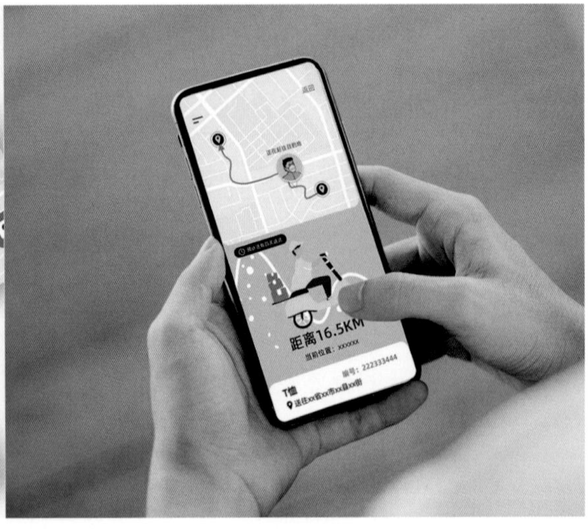

Pin
您好，Lucy
1.下载PinApp
2.进入主界面
3.找到离你最近的装置
4.扫二维码进入捐衣流程
5.追踪衣物去向

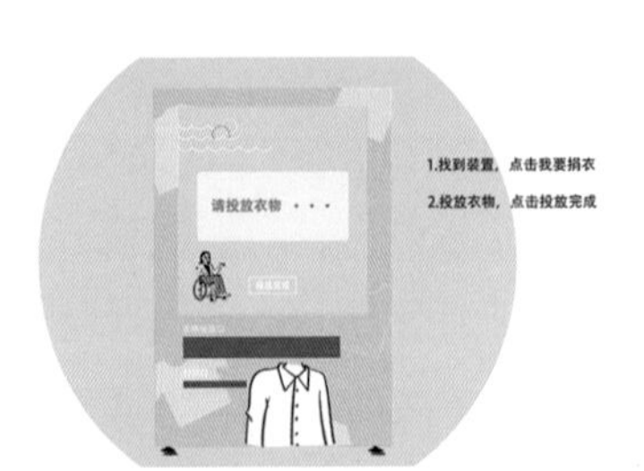

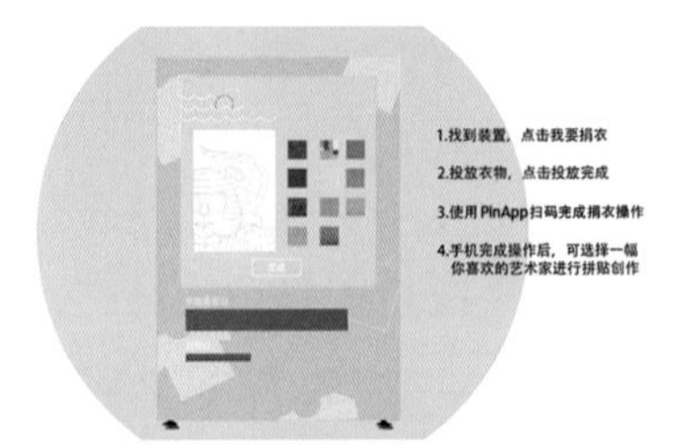

1.找到装置，点击我要捐衣
2.投放衣物，点击投放完成
3.使用 PinApp扫码完成捐衣操作
4.手机完成操作后，可选择一幅
你喜欢的艺术家进行拼贴创作

图 2-27　党的二十大报告指出，“把社会主义核心价值观融入法治建设、融入社会发展、融入日常生活”是我们每个人都需要思考和实践的问题，该项目是本科三年级学生完成的课程作业。学生通过调研发现目前国内衣物回收与捐赠的平台，多以提供上门回收旧衣物的方式为主，尽管多数小区提供衣物回收箱，但是捐赠的衣物最终去了何处，是否真正捐赠给有需要的人，大多数捐赠者并不知晓却又渴望知晓。因此，学生希望通过设计让用户（捐赠者）能够参与到捐赠的全过程，同时鼓励社区人群更加主动地加入公益捐赠队伍中，因此提出了“循环无废”未来社区的概念。项目荣获碧桂园“未来契约”青年社会设计大赛未来社区赛道铜奖。

作者：王懿　罗司　吕奕桥　　指导教师：佟佳妮　郭森

单元训练和作业

思考训练

1. 新媒体下的人机交互方式和特点有哪些?请举例说明。
2. 思考并描述用户界面设计的基本流程和方法。

实践作业

1. 个人实践: 挑选一款自己熟悉的应用或小程序，认真体验并对该产品的信息架构进行梳理。将产品内容、导航的层级，以及每个功能模块的层级关系清晰地以线框图的方式绘制出来。
2. 团队实践: 以“中国传统文化”为创作主题，每三四个学生为一组，快速建立用户界面设计流程，并完成用户画像、故事板、线框图、原型、原型测试和界面元素构思等内容设计。

第3章

视觉维度——界面设计的“语境”营造

教学要求

通过本章的学习，学生应充分理解和掌握如何在用户界面系统中进行有效的视觉设计，从网格布局、字体编排、屏幕色彩、图标和图像、动态特效五个方面熟练掌握用户界面中视觉设计的原则和方法。了解不同应用领域的用户界面设计与表现，深入理解科技发展下用户界面设计的创新方式。

教学目标

培养学生在用户界面设计过程中对网格布局、文字编排、屏幕色彩、图标和图像及动态特效的认知，使学生能够理解这些元素在界面设计中的作用，能够掌握用户界面中视觉设计的方法和技巧，提高设计审美能力，提升创意创新意识。

本章教学框架

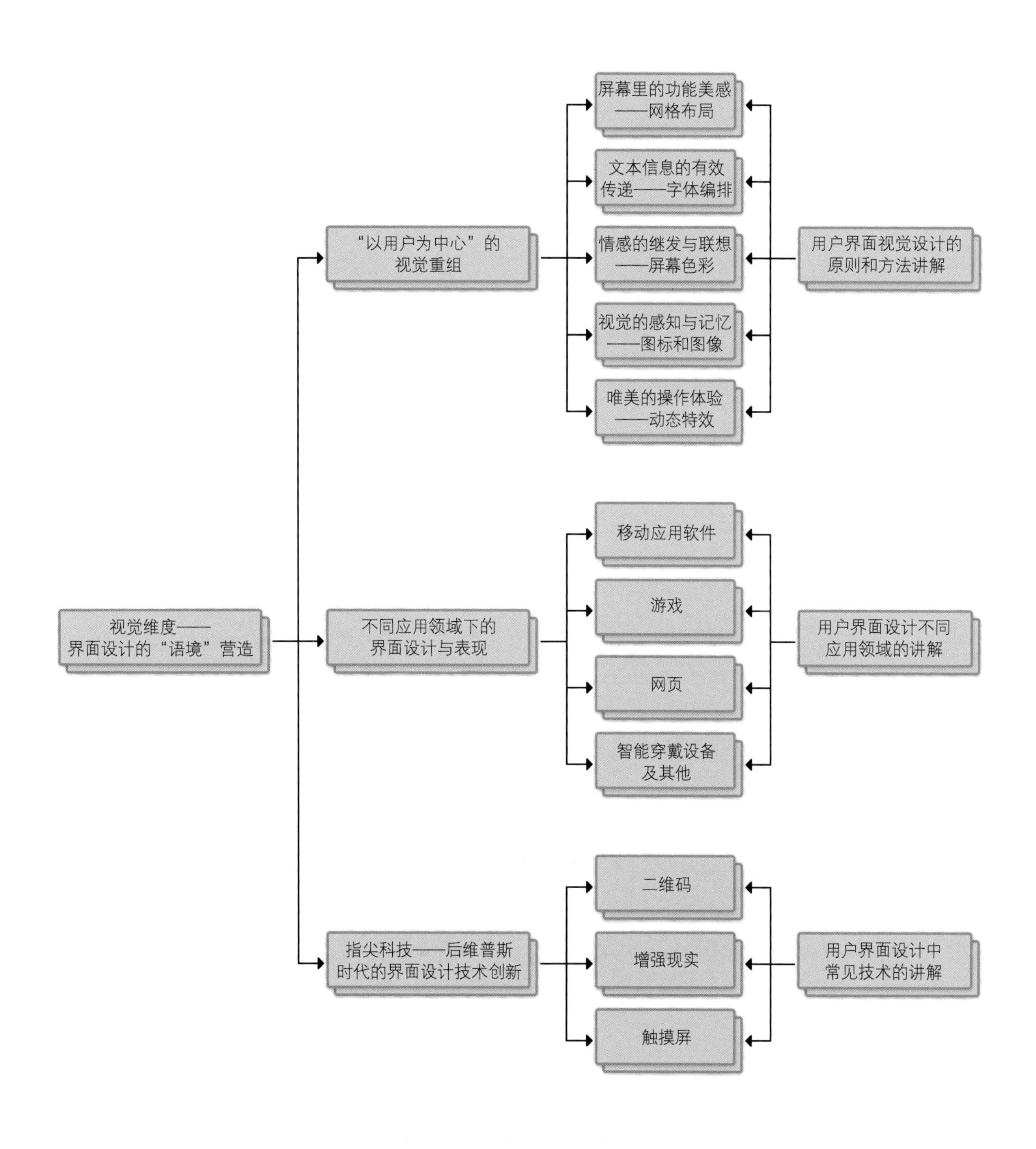

视觉维度——界面设计的“语境”营造
“以用户为中心”的视觉重组
不同应用领域下的界面设计与表现
指尖科技——后维普斯时代的界面设计技术创新
屏幕里的功能美感——网格布局
文本信息的有效传递——字体编排
情感的继发与联想——屏幕色彩
视觉的感知与记忆——图标和图像
唯美的操作体验——动态特效
移动应用软件
游戏
网页
智能穿戴设备及其他
二维码
增强现实
触摸屏
用户界面视觉设计的原则和方法讲解
用户界面设计不同应用领域的讲解
用户界面设计中常见技术的讲解

本章引言

“语境”即语言环境，泛指人说话时所处的状况和状态。本文的“语境”是一种抽象的表达，是设计师通过整合视觉设计语言和符号而营造的特殊世界。在这个特殊世界里，信息可以被可视化，并通过前卫化的艺术符号和跳跃式的视觉效果传递给信息接收者。

营造界面设计的“语境”重点在于界面元素的组织，即如何利用视觉启示和隐喻将互动操作信息传达给用户，如何将界面的设计结构与用户的心理模型相匹配，如何将后台程序状态传达给用户，如何使设计符合用户的感知功能和认知特点等。除此之外，界面的设计与表现在不同的应用领域中也不尽相同。随着科技的不断创新和发展，界面设计的方式又会发生哪些改变呢？本章将重点围绕以上内容展开介绍。

3.1 “以用户为中心”的视觉重组

在整个用户界面系统中，视觉设计是最直观的，它涉及诸如理性、感性、艺术、科学等人类本能的感知，并系统地通过可视化的方式传达出来。界面视觉设计主要是利用界面上的视觉元素刺激用户的视觉思维，抓住用户的眼球，激发用户的使用兴趣，促进人机信息交互。在本书第 2 章 2.2.5 节我们已经了解了界面设计的基本视觉元素和基本交互要素，本节是对前面内容的进一步补充，在以功能性界面为基础，以情感性界面为重点，以环境性界面为前提的基础上，结合具体案例，从网格布局、字体编排、屏幕色彩、图标和图像、动态特效五个方面来解析用户界面中视觉设计的原则和方法。

3.1.1　屏幕里的功能美感——网格布局

网格

网格最初作为平面设计中版式设计的重要内容之一，起着合理规划版面和编排版面信息的作用。随着新技术的不断革新，以印刷时代为基础的平面设计已经逐渐衰退，电子媒介变得越来越强势。数字屏幕的诞生为设计师提供了一个崭新的表现空间，浓缩的设计美学在有限的二维物理界面中展示了无限的可能。新媒体时代下的网格系统不仅要继承其在传统媒介中的框架作用，还应结合当下网络时代的开放性、交互性等特点，合理地加以发挥。

网格一般由垂直和水平两部分组成，分为列、行、页边和单元间距。网格基线为文字的 X 坐标，纵向高度为小写字母的字高，如“a”（不是像“h”“y”等带有上出头或下出头字母字高）。网格测量单位以像素为基础，所谓“像素”是相对于显示分辨率（屏幕分辨率）来说的，即整个屏幕。由于不同的数字设备和屏幕分辨率存在差异，因此，设计师在进行用户界面设计时，清晰了解可用的分辨率至关重要，这样才能确保界面对用户优化显示。

通常情况下，一个 12 列网格布局（见图 3-1），可以减为 2 列、3 列、4 列或 6 列的网格。界面设计中有几种流行的源于网页设计的网格系统，其中具有代表性的是宽 960 像素、978 像素和 1140 像素的网格。在宽 960 像素的网格中，12 列网格的每列宽为 60 像素，列的两侧各有宽 10 像素的缓冲区，可以使列与列之间有 20 像素的变动。宽 960 像素网格系统由 Nathan Smith 创造，在网页设计中的规范与应用上为设计师提供了极大的方便，可以帮助他们有效处理信息的布局和疏密（见图 3-2）。在宽 1140 像素的网格中，12 列网格的每列为 84 像素和 24 像素的弹性变化，可以完美适配 1280

分辨率显示器。宽 978 像素更加适合移动端的界面设计要求，12 列网格的每列为 54 像素宽，列间距是 30 像素，主要针对 1024×768 显示分辨率，目前大多数计算机显示器和平板电脑都是建立在这个网格系统下面设计的。

网格系统是视觉设计师强有力的辅助工具，它能指导我们用更科学的方式打开界面，让页面布局规范有序、节奏统一。

Khoi Vinh 在《秩序之美——网页中的网格设计》一书中从以下四个方面再次强调了网格系统的重要性：①网格有效地展示信息的秩序性，连续性和和谐性；②网格向读者展示出信息的所在，方便信息的交流；③在原始展示内容保持不变的情况下，增加新的信息更容易；④好的网格会使得多种设计方式相互协调而不是削弱。

由于网格参数种类繁多，设计师需要根据自身需要构建一个适合自己、符合产品调性的网格系统。一个好的界面设计，功能性一定是最核心的部分，不同的用户群体、功能定位、品牌特征等都会影响网格系统的设计。例如，VanHarten 是荷兰一家从事时装和产品设计的品牌（见图 3-3），因为该品牌主要售卖风格简洁的现代时装和产品，并且产品之间联系紧密，桌布可以由上衣制成，上衣可以具有桌布的特点。因此，设计师在网页设计中使用大量的相邻方框结构，让所有信息井然有序，同时又不会造成视觉疲劳。除此之外，网站受众主要是针对城市的年轻人，他们具有生活节奏快、善变、年轻化等特点，这就要求导航必须清晰简单，核心信息要醒目。因此设计师将重要图片或文字放在网格系统中的特定区域，并通过“下拉”的交互方式，鼓励用户以不同的互动方式阅读核心信息。VanHarten 的网站设计师 Elisabeth Enthoven 在采访中说：“网格确保了设计的结构和形式清晰、稳定。要打破自己为自己建立的画地为牢的规则，从而掌握设计的自由度。”由此可见，网格系统必须在能够准确传递出产品功能价值的前提下建立，而后如果能大胆创新、打破沉寂、平衡美感，则会让整个设计更加完美。

图 3-1　12 列网格布局

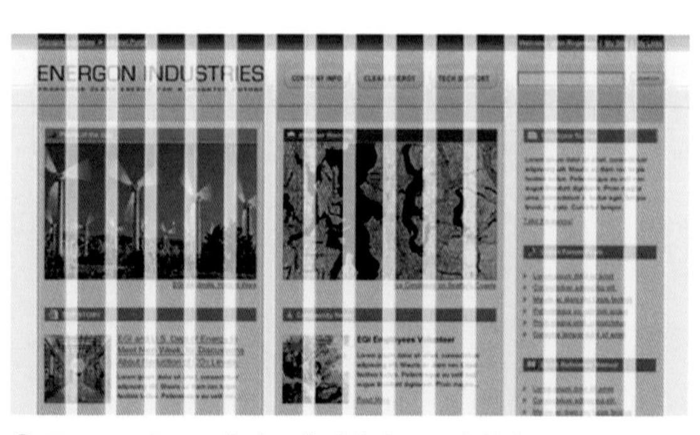

图 3-2　宽 960 像素网格系统在网页中的应用

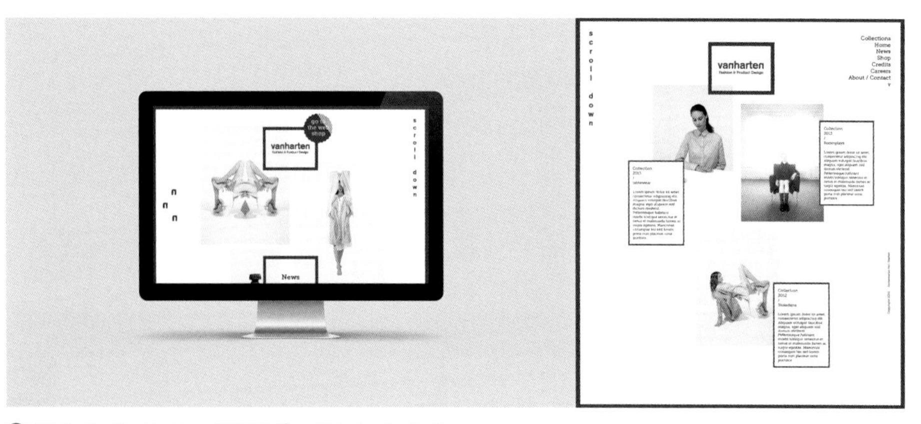

图 3-3 VanHarten 品牌网站 Elisabeth Enthoven

响应式设计

随着移动终端的涌入，不同类型的终端设备和屏幕尺寸接踵而至，用户一个简单的旋转手势，屏幕就可以从横向变成纵向，设计师必须重新对页面内容进行排版布局才能有效地匹配视窗，“响应式设计”（Responsive Design）概念的提出，从根本上解决了此问题（见图 3-4）。通过响应式设计，页面可以自动响应用户的设备环境，灵活切换分辨率、图片尺寸和脚本功能等。

图 3-4 国外著名网页设计师 Ethan Marcotte 通过一个实例展示了响应式设计在页面弹性方面的特性。页面中是《福尔摩斯历险记》六个主人公的头像。如果屏幕宽度大于 1300 像素，则六张图片并排在一行。如果屏幕宽度在 600 像素至 1300 像素之间，则六张图片将分成两行。如果屏幕宽度在 400 像素至 600 像素之间，则导航栏移到网页头部。如果屏幕宽度在 400 像素以下，则六张图片将分成三行

>>> 知识链接
响应式设计是 Ethan Marcotte 于 2010 年 5 月提出的一个概念，简而言之，就是一个网站能够兼容多个终端，而不是为每个终端做一个特定的版本。这个概念是为解决移动互联网浏览而诞生的。

在移动设备界面中，响应式设计也可以称为流动网格或弹性网格（网格系统随着用户的操作行为而产生的差异视觉变化），通过响应式设计，不仅能使页面元素及布局具有足够的弹性，兼容不同设备和屏幕尺寸，同时还能增强界面的可读性和易用性，让用户在任何设备环境中都能轻松地获取重要的信息（见图 3-5）。

图 3-5　App Store 年度优秀应用中华诗词欣赏工具“西窗烛”App 响应式设计

3.1.2　文本信息的有效传递——字体编排

文本是用户界面中非常重要的一个组成部分，界面上很多信息的传达都是通过不同形式的文本来实现的，如互动产品的内容、按钮的工具提示和导航等。因此，如果文字设计不当，不仅会影响界面的美观整洁，还会降低用户获取信息的效率。文字是记录语言的书写符号，不同的文字排列组合形成文本，而字体是文字的外在表现形式，它可以通过其独有的视觉魅力传达信息、表达情感、塑造品牌形象。本节将重点从文字的辨识度、文字的可读性、文字的排版三个方面来介绍界面设计中字体编排的基本规范和原则。

1. 文字的辨识度

字号

字号是界面设计中重要的元素之一，字号的大小决定了信息的层级和主次关系。合理有序的字号设置能让界面信息清晰易读、层次分明；相反，无序的字号设置会让界面混乱不堪，影响阅读体验。在字号的选择上，我们可以遵循目前比较知名的权威设计体系（iOS、Material Design、Fluent Design System、IBM、Ant Design 等）中的字号规则，也可以根据产品的特点自行定义（见图 3-6）。

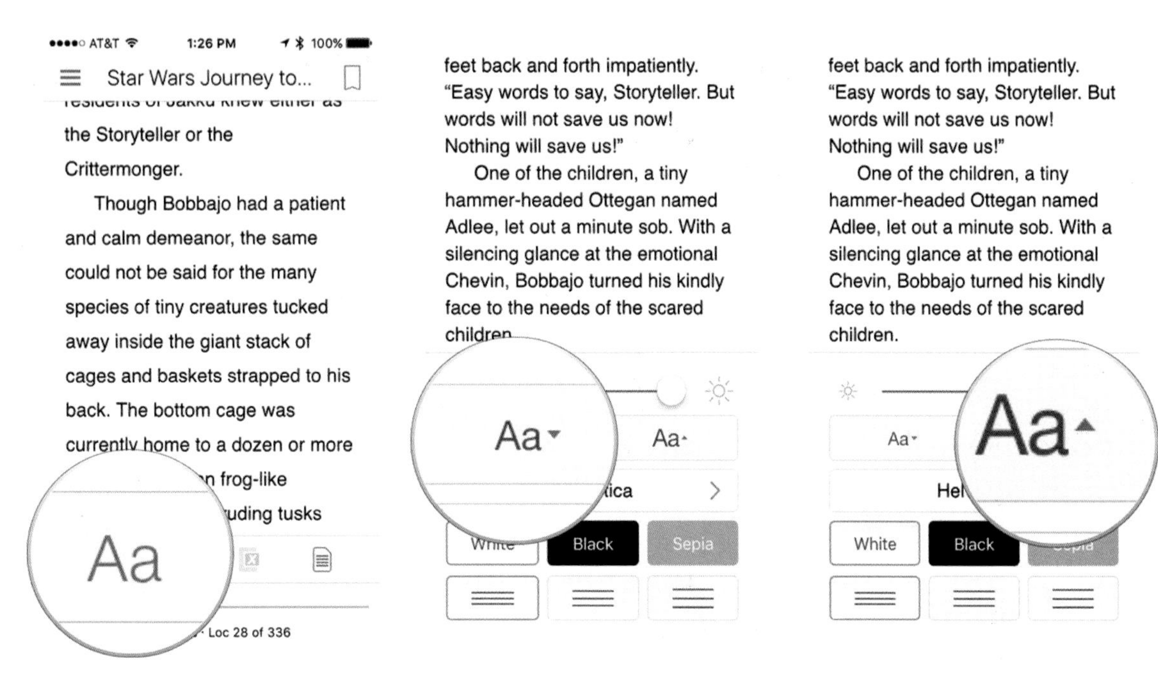

图 3-6　电子阅读器 Kindle 中自定义操作界面，用户可以根据个人喜好调整字号，以获得最佳的阅读体验

字体

在用户界面中，文字除了传递信息外，还具有传达感情的功能。从艺术的角度可以将文字本身看成一种艺术形式，不同的字体有着不同的特点（纤细、粗犷、活泼、沉稳……），对于不同的内容应该选择不同的字体，用不同的字体特点去体现特定的内容。例如，设计师 Pierre Nguyen 在他的个人网站中，大胆地选择字体元素作为页面的视觉主体，并选择 Druk 字体作为页面的标题字体，以此来营造画面的视觉冲击力。同时，选用 Graphik 字体作为正文字体，来保证网页的可读性。Pierre Nguye 的设计初衷是希望通过网站传递给用户真实、震撼的感觉，因此他选择了 Druk 字体，因为 Druk 字体与整个网站的风格非常匹配（见图 3-7）。同样，字体作为品牌与用户沟通的桥梁，越来越多的企业把字体设计融入“品牌 DNA”中，通过定制企业的专属字体来统一品牌形象，帮助企业在营销传播中传达一致的品牌精神（见图 3-8）。

图 3-7 Pierre Nguyen 个人网站 Pierre Nguyen

图 3-8 IBM Plex 是 IBM 最新推出的公司字体，IBM Plex 字库是由 IBM 与 Mike Abbink 合作完成的设计，目的是取代 IBM 品牌日常使用的字体 Helvetica Neue，从而更好地体现 IBM 的品牌精神、信念和设计原则。新字体的设计根植于人与机器的思想，很好地诠释了 IBM 一直以来在探索的人和机器的关系

字重是指字体的粗细，不同的字重体现不同的层级关系和情绪感受，细体可以给人以细腻、轻盈的感受，而粗体则给人以庄重和严肃的感受。因此，在界面设计中设计师要根据字体的应用场景来选择合适的字重，特别在英文字体中，细体相对于粗体更容易被辨认，而字母的粗细通常与字腔有关，所谓字腔是指字母中的空白空间，如 o、d 等（见图 3-9）。

字重

aaaaaaaaa

极细纤细细体正常中黑中粗

UlLiThinLightRegMedSmBd

Counter

Counter

The enclosed or partially enclosed circular or curved negative space (white space) of some letters such as d, o, and s is the counter. The term counter may sometimes be used to refer only to closed space, while partially enclosed spaces in m, n, or h are the aperture.

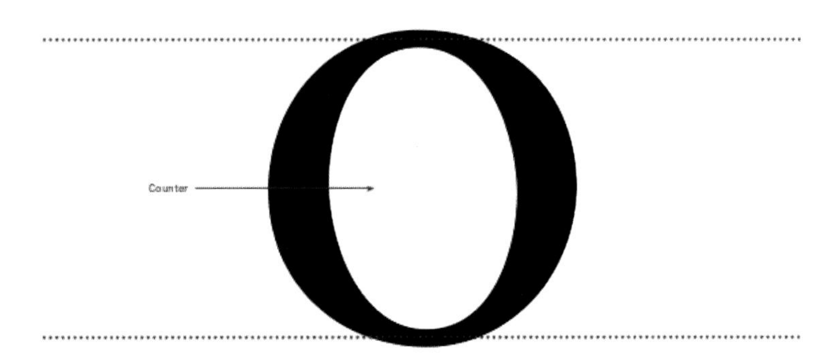

图 3-9　不同的字重体现不同的层级关系和情绪感受（上图）/ 英文字母 O 的字腔（下图）

2. 文字的可读性

衬线字体和无衬线字体

在传统的文本印刷中，相比无衬线字体，普遍认为衬线字体能带来更强的可读性，尤其是在大段落的文章中，衬线增加了阅读时对字母的视觉参照。而无衬线字体往往被用在标题、较短的文字段落或者一些通俗读物中。然而在移动设备界面中，无衬线字体却更受青睐，如 San Francisco（iOS 系统默认的英文字体）、Roboto（Android 系统默认的英文字体）、Helvetica Neue、Avenir Next、Open Sans 等。在中文字体中，也存在同样的情况，汉字中的宋体是最标准的衬线字体，而黑体作为无衬线字体的典型代表日益占据着屏幕的主体，像苹方字体（iOS 系统默认的中文字体）、思源字体（Android 系统默认的中文字体）、华文黑体、冬青黑体、微软雅黑、方正兰亭黑等，都是目前比较流行的界面字体。通过图例，我们可以看到在小小的屏幕里，无衬线字体确实更易于阅读，尤其是当文本内容过多时，衬线字体可以作为标题或主题字体使用，二者的搭配会让界面看起来更加有层次且富有变化。因此，可读性对于移动设备的界面来说依然非常重要，它不仅关乎信息内容的传递，也关乎用户整体的阅读体验（见图 3-10）。

行距和间距

对于英文字体来讲，行距指的是一行英文的降部线与下一行英文的升部线之间的距离；对于中文字体来讲，行距指的是一行中文的最底部与下一行中文最顶部之间的距离（因为中文字体是方块字，没有升部线和降部线的说法），行距的增加与减少都会影响用户的阅读感受。水平间距太小，会造成文字看不清；水平间距太大，则会影响可读性。基于 W3C 原理，英文字体的基本行距通常是字号的 1.2 倍左右，而中文字体因为字符密实且高度一致，没有英文字体的升部线和降部线来创造行间空隙，所以一般行高要更大，按

I am sans. 思源黑体
I am serif. 思源宋体

图 3-10 中英文衬线字体和无衬线字体的对比 英文：serif 字体；中文：思源字体

>>> 知识链接
W3C（World Wide Web Consortium）中文翻译为万维网联盟，又称 W3C 理事会，是万维网的主要国际标准组织。为了解决网络应用中不同平台、技术和开发者带来的不兼容问题，保障网络信息的顺利和完整流通，万维网联盟制定了一系列标准并督促网络应用开发者和内容提供者遵循这些标准。标准的内容包括使用语言的规范，开发中使用的导则和解释引擎的行为等。W3C 也制定了包括 HTML、CSS 等的众多影响深远的标准与规范。

照不同人群的特点（儿童、年轻人、老年人等）及使用环境，可达到 1.5 倍至 2 倍甚至更大的距离。像在 iOS、Material Design、Ant Design 等国内外权威设计体系中，都有明确的字号与对应行高规范供界面设计师参考。

除行距之外，文字的间距也会影响文本内容的可读性和美感。在英文阅读中，特别是浏览篇幅较长的文本时，如果相邻字母间距过大，则会破坏单词的整体性，间距过小则会影响阅读。因此，字母之间的间距建议比字腔要小，适当留有空间才能便于用户扫视和理解文本，建立起平衡稳定的阅读节奏（见图 3-11）。

文字区块宽度

文字区块宽度包括行长和边距，行长通常是指界面每行的字符个数，但受不同语言、字体、字形和阅读习惯的影响，行长也会不同。行长会直接影响信息的可读性，在移动手机界面中，以内容文本为例，通常英文每行优化值为 30～40 个字符，中文建议每行 20 个字符左右，文字行长过长或过短，都会影响用户的阅读体验。但在实际设计中，设计师还需要根据具体需求匹配不同的行长。

边距包括文字的外边距和内边距，和行距一样，边距同样影响着文字的易读性。在界面设计中，不仅要看图文与屏幕的边距是否符合产品需求，还要注意周边元素是否与文字之间保留合适的空隙（见图 3-12）。

文字颜色和文字与背景的对比度

文字颜色和文字与背景的对比度在界面设计中同样非常重要，以无彩色系（黑色、白色、灰色）文字为例，为了获取良好的辨识度，通常文本应当满足一个最低的对比度，也就是 4.5 ∶ 1（依据明度计算），而最适合阅读的对比度是 7 ∶ 1。在 Android 系统中文字色彩的划分是依据透明度来区分

1.5× Icons that depict horizontal movement (e.g., back icon) should be mirrored to follow the flow of the right-to-left interface.

1.7× 描绘水平移动的图标（例如，后退图标）应该遵循镜像的从右到左界面的流程。

We believe in building for the widest audience possible.

font-size × 0.75

Spectrum is designed to be clearly readable, intuitive to use, and mindful of those who require alternative input peripherals or screen readers. Everything in our system — from color and type to interaction and language — is built to be compliant with industry standards.

font-size × 0.75

图 3-11　文字的行距、字距　Adobe Spectrum

色彩层级的；在 iOS 系统中，对主要文字、次要文字、辅助文字和提示性文字或不可用文字都有明确的颜色规范，分别对应的十六进制颜色代码为 #333333、#666666、#999999、#CCCCCC。设计师可以根据自己的需要来制定文字的层级，也可以根据产品特点自定义文字颜色（见图 3-13）。

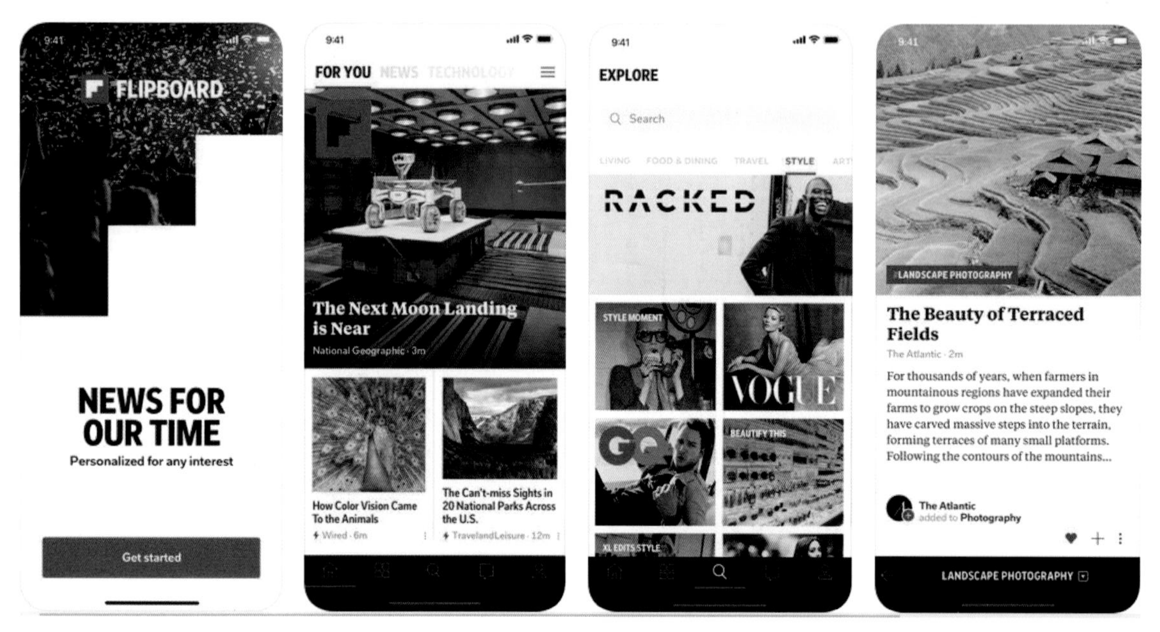

图 3-12　个性化阅读软件　Flipboard

图 3-13　无彩色系和彩色系颜色规范　iOS 系统

3. 文字的排版

文字的排版

文字的排版可以从“留白”“层级”“重复和节奏”三个方面考虑。“留白”从艺术角度上说，就是以空白为载体进而渲染出美的意境的艺术。从应用角度上说，留白更多是指一种简单、安闲的理念。这里我们更强调留白的应用性，从功能上来讲，就是“减少让用户一次看到这么多数量的文字”，换句话说，就是让版面布局更容易被快速地扫视，避免浏览内容负担过重。此外，适当的留白还可以创造规则、精细和优雅的感觉，给人以想象的余地。“层级”是指界面设计师可以通过字体的大小、颜色、对比度、行距、间距等来区分界面的标题、副标题和正文等，从而实现对界面内容层级的划分。“重复和节奏”是指设计师可以将文本内容看作画面中的元素，通过对文字的位置、颜色、大小等部分的重复应用，使界面看上去更加协调统一，烘托整体界面的视觉节奏（见图 3-14）。

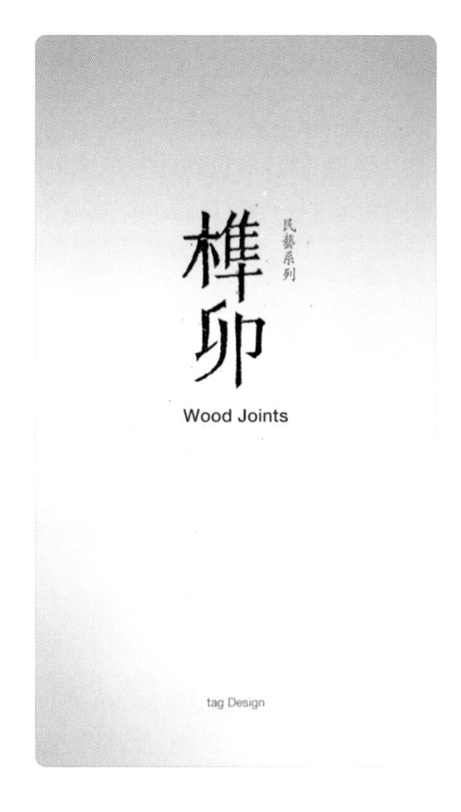

图 3-14　“榫卯”是国内一款制作精良的应用软件，以中国传统木工技艺（榫卯结构技术）为背景，利用数字手段并富有趣味性地呈现经典工匠文化——榫卯结构。在用户界面设计方面，充分体现了留白、层级、重复和节奏的文字编排理念，传达出典雅、素净的古风之感

3.1.3 情感的继发与联想——屏幕色彩

色彩作为第一视觉语言，在界面设计中的作用是文字、图像等其他要素所无法替代的。同一种界面版式使用不同的色彩方案会带给人截然不同的感受和联想。色彩可以让用户产生心理波动，它可以是动感的，也可以是温柔的、安静的。设计师可以通过不同的颜色来营造不同的情绪，此外色彩还可以帮助用户解析和理解信息，更好地领会品牌文化，是用户界面设计中核心的视觉元素。

1. 色彩显示

屏幕（计算机显示器屏幕）颜色不同于传统印刷媒介上的颜色，前者是自发光颜色，后者是通过反射的光产生的颜色。现阶段屏幕颜色采用的是RGB色彩模型，通过对红色、绿色、蓝色三种颜色通道的变化及它们相互之间的叠加而得到的人类视力所感知的所有颜色。在网页界面系统中，色彩是由通过将RGB的值转换成十六进制的代码控制的。这些十六进制的数值是由0～9的数字和A～F的字母组成。按照十六进制，白色（RGB值为0）代码为#FFFFFF，黑色（RGB值为255）代码为#000000，其他色彩的值位于这两个极限之间。

在用户界面设计中，将两三种颜色进行组合会产生很好的视觉效果，通常会利用色环来选择颜色。色环是由红色、黄色、蓝色三种主要颜色构成的色谱。互补色位于色环中正对的颜色（如红色和绿色）；相似色位于色环相邻的位置，由于其在色谱中的位置很近，所以很容易协调和交融（如绿色、蓝色、紫色）。通过选择一种三色组合，可以建立一种三合一的关系。RGB色彩空间为色彩选择和观察提供了最大范围的参考，所以为了确保用户界面的可用性，在三合一的关系中，色彩需要保持适当的平衡。通常情况下，互补色配色可以强调对比，凸显信息的层级结构，加强视觉冲击力等；相似色配色可以营造和谐、愉悦的视觉效果；同类色配色可以加强视觉的统一性和整体性。相反，如果使用不当，则会造成视觉干扰，影响信息的可读性。色彩理论视觉化如图3-15所示。

2. 色彩意义

从根本上讲，色彩影响着我们的知觉，它可以帮助用户感知界面的美感、导航和内容。从心理学角度来看，色彩与人的感觉紧密相连，如暖色（红色、橙色、黄色、棕色等）给人温暖、亲密、柔和之感；冷色（绿色、

三色　　四色

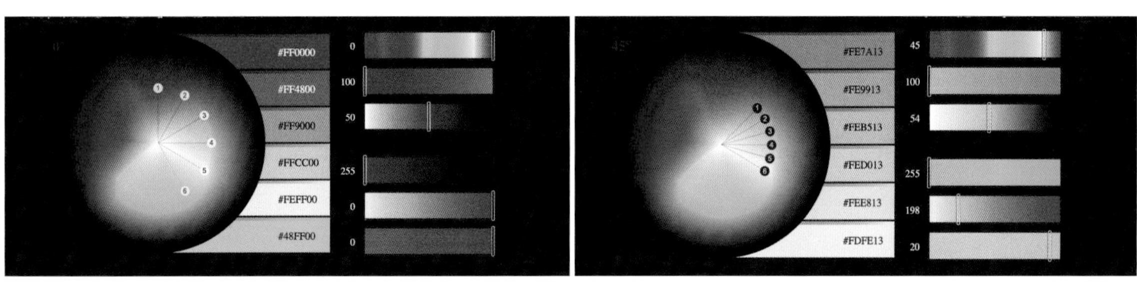

相似色　　中性黄色

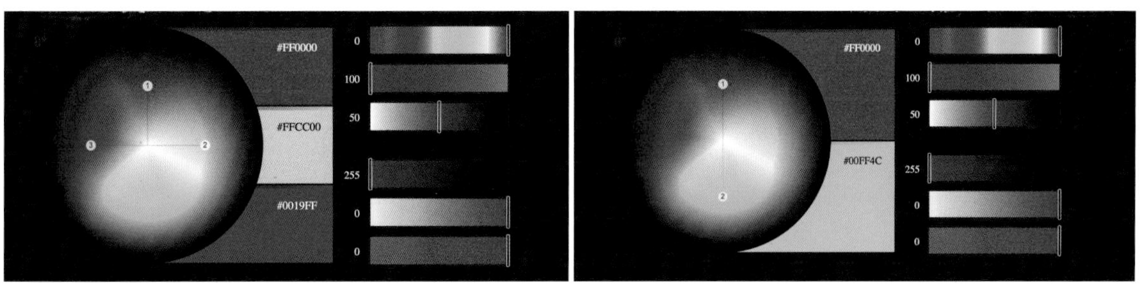

冲突色　　互补色

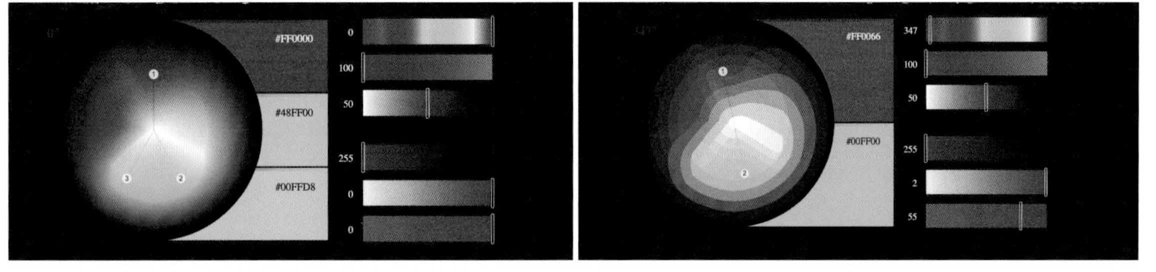

分散互补色　　互补色（网络安全色）

图 3-15　色彩理论视觉化

青色、蓝色、紫色等）给人距离、凉爽、通透之感；中性色（黑色、白色、灰色等）相对来说冷暖适中，使人感觉轻松、平和。从生理上讲，暖色由于色光的波长较长，会造成扩张及迫近视线的现象，在视觉上有拉近距离及扩散感；冷色由于色光的波长较短，会产生视觉上的后退感和收缩感；中性色平衡在两者之间，视觉冲击力和知觉影响相对较小。但需要注意的是，由于受各民族的风土人情、宗教信仰、地理环境、思维定式等因素的影响，颜色对于不同文化背景的人来说，在价值观念、联想意义及语言运用等方面都存在差异，因此，设计时需要考虑不同文化背景下人们的喜好、禁忌和习惯。例如，红色在中国文化中象征吉祥、喜庆、繁华等，但红色在西方文化中主要指血的颜色，代表血腥、恐怖、危险等；再如，白色在中国文化中常常被认为是枯竭无生命的表现，象征死亡、凶兆，而在西方文化中，白色象征高雅、纯洁，是被崇尚的颜色。因此，设计师在色彩设计上应当充分考虑不同颜色的语意特点，并将其和界面的主题内容充分结合起来，才能最大化地传达效果，最小化地隐藏误解（见图 3-16）。

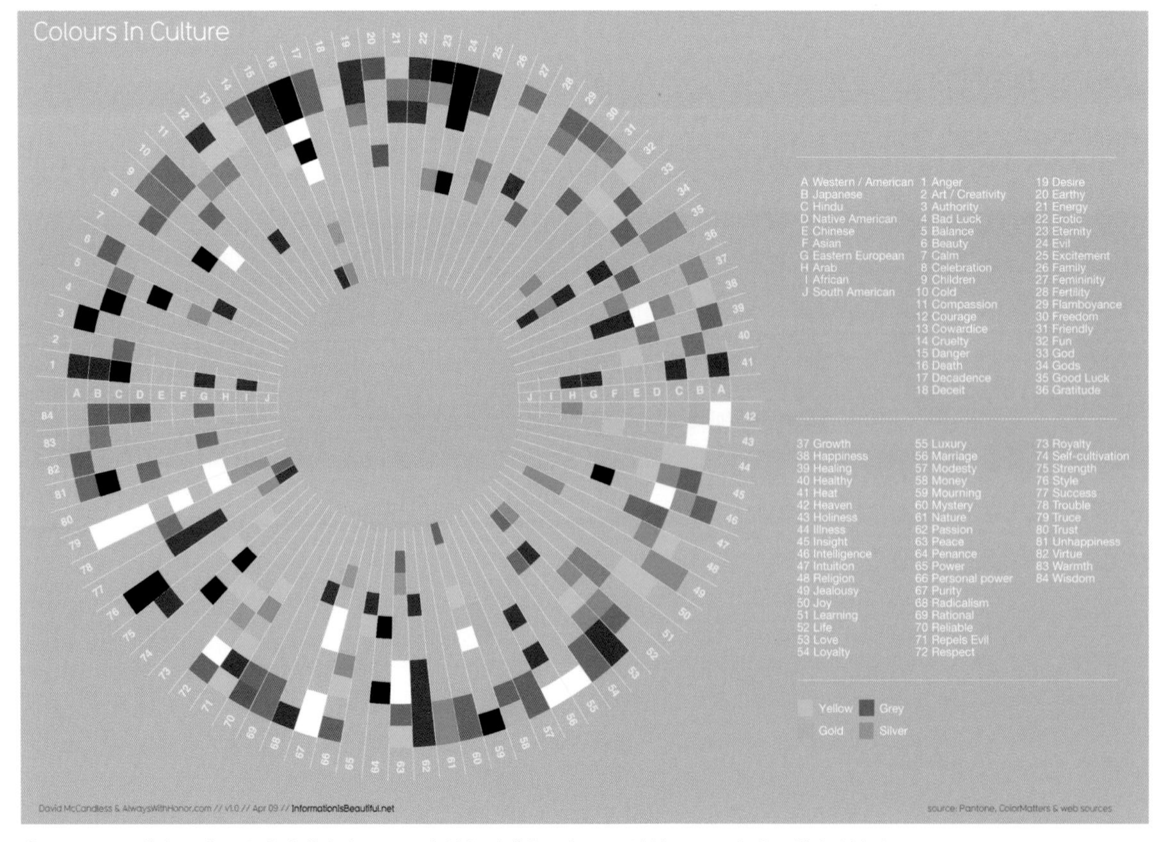

图 3-16 信息图表之文化中的颜色，可以有效帮助我们理解不同地域、不同文化下的色彩含义

Pantone，ColorMatters & Web

3. 色彩作用

划分视觉区域

在用户界面中，色彩是最有效的区域划分方式，通过添加不同的色块作为背景，来区分界面中不同的视觉区域，让界面看上去更加有序。特别是在网站界面设计中，利用不同的色彩进行视觉区域划分是常用的手法之一，也体现了色彩的功能性价值。Plant22 网站是荷兰插画家 Tim Boelaars 在阿姆斯特丹创立的全新创意合作空间，该网站配色活泼醒目，通过色彩划分功能区域，既体现了空间“新鲜和创新”的理念，同时也方便用户浏览和使用（见图 3-17）。

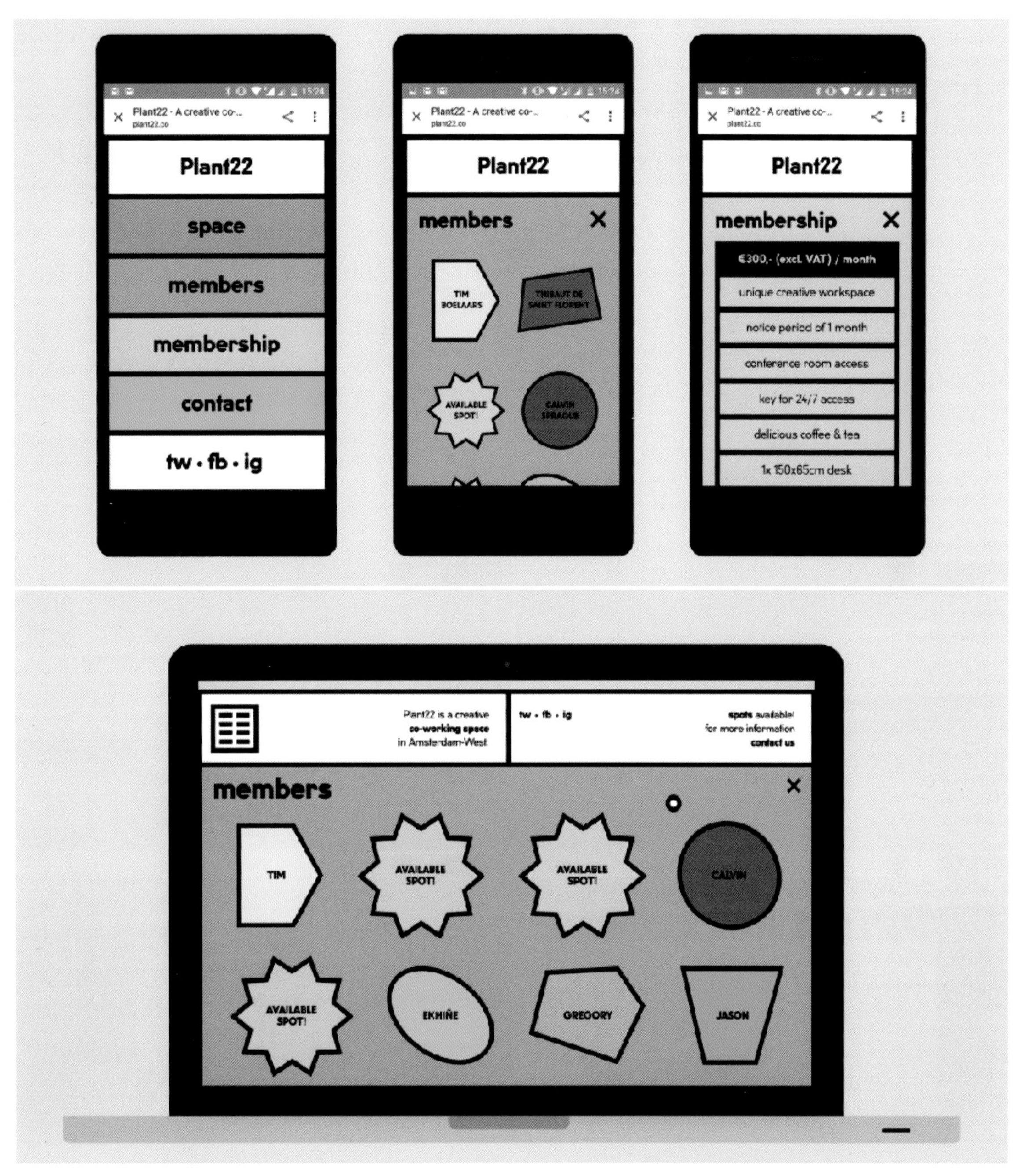

图 3-17　Plant22 网站界面

引导主次

色彩有明暗区分，还有面积大小的区别，当两个以上的色彩同时存在的时候，就会产生对比关系，在阅读的时候就会形成一先一后的视觉效果，通过颜色的色相或明度来区分界面内容的主次，可以让界面层次结构更加清晰，形成自然有序的视觉流程和导向(见图3-18)。

烘托主题

色彩能给人不同的心理感受，设计师可以利用色彩的情感联想和象征功能烘托和表现主题。例如，蓝色常常给人大海、天空的联想，象征着和谐、宁静和理智等，同时，蓝色还象征着智慧和知识，会让人联想到抽象和未来。因此，很多企业将蓝色作为网站界面的主色调，来表现创意、科技、互联网等主题(见图3-19)。

色彩作为一种视觉元素，它是带有情感的，影响着用户的行为和情绪，可充分利用色彩的温度感、距离感、重量感、尺度感等来满足用户的心理感受。

温度感，不同的色彩会产生不同的温度。蓝色、青色、蓝紫色等常常使人联想到大海、晴空和阴影，有寒冷的感觉，因此被称为冷色系。红色、橙色、黄色等常常使人联想到东升的太阳和燃烧的火焰，有温暖的感觉，因此被称为暖色系(见图3-20)。

距离感，色彩可以改变物体的距离感，能够让人感觉到进和退、凹和凸、远和近的不同。通常情况下，把能缩短或拉长观察者与物体之间距离的颜色，称为后退色。色彩的距离感与物体的色相、明度有关，在同一视距条

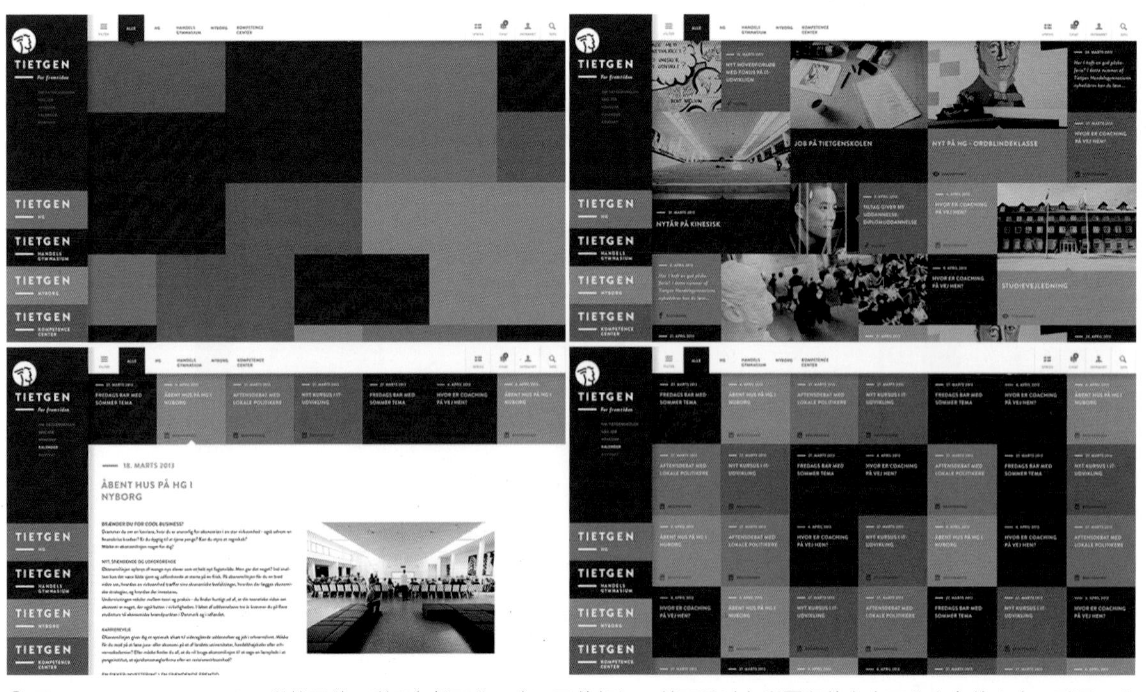

图3-18　Tietgen Skolen学校网站，利用色相区分五个不同的部门，首页通过色彩面积的大小区分内容的主次，引导用户浏览

件下，明亮色、鲜艳色和暖色有向前、凸出、接近的感觉，而暗色、灰色、冷色则有后退、凹进、远离的感觉。

重量感，色彩的轻重感主要决定于明度，高明度色具有轻感，低明度色具有重感，白色最轻，黑色最重。凡是加白提高明度的色彩变轻，凡是加黑降低明度的色彩变重。

尺度感，色彩的尺度感主要取决于色相和明度两个因素。色相中暖色和高明度的色彩具有膨胀感而显得大，而冷色和低明度的色彩具有内聚感而显得小。利用色彩的尺度感可以让狭小空间变得明朗开阔，让宽阔空间变得亲切而和谐。

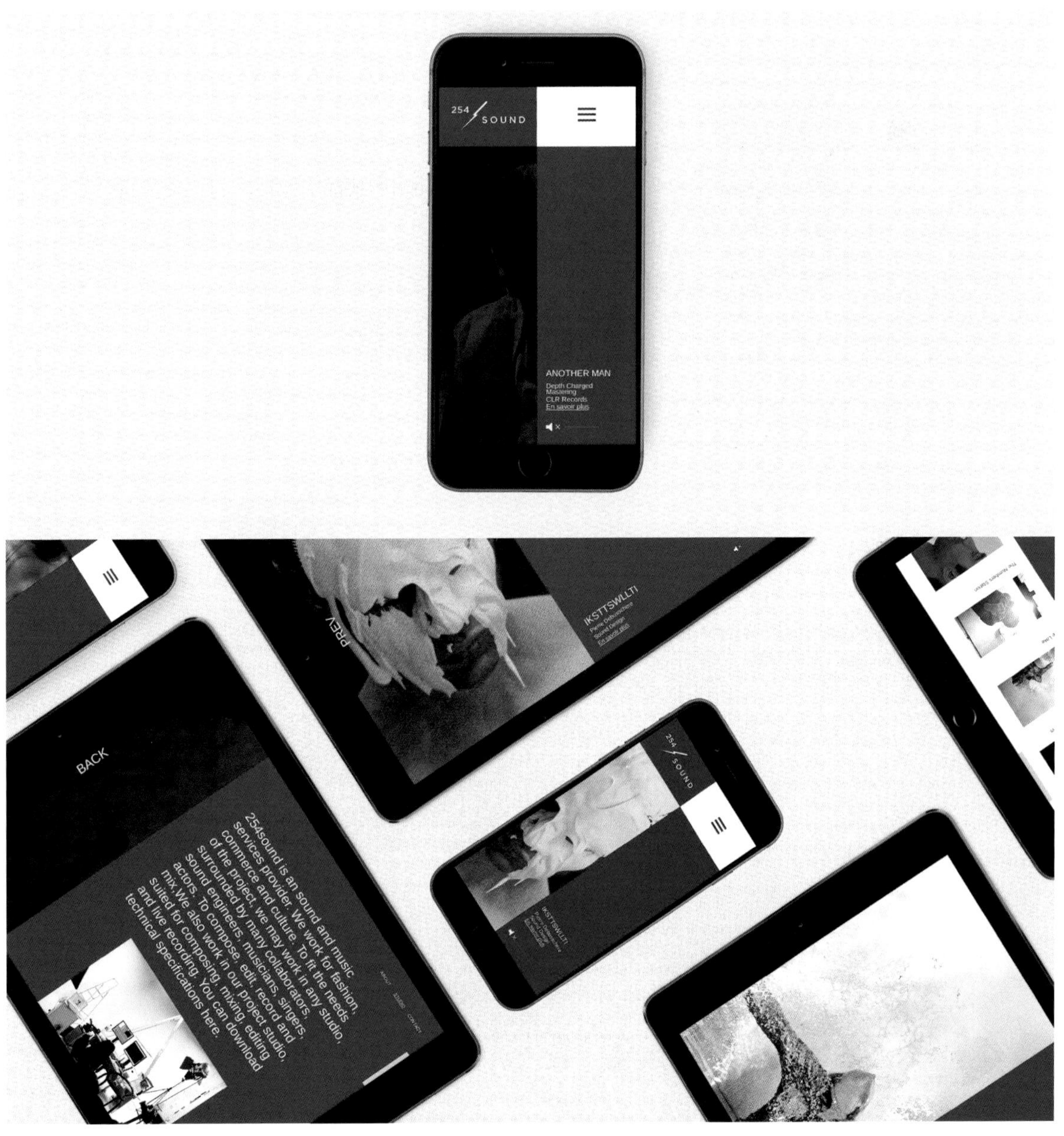

图 3-19　Irradie 设计工作室官方网站

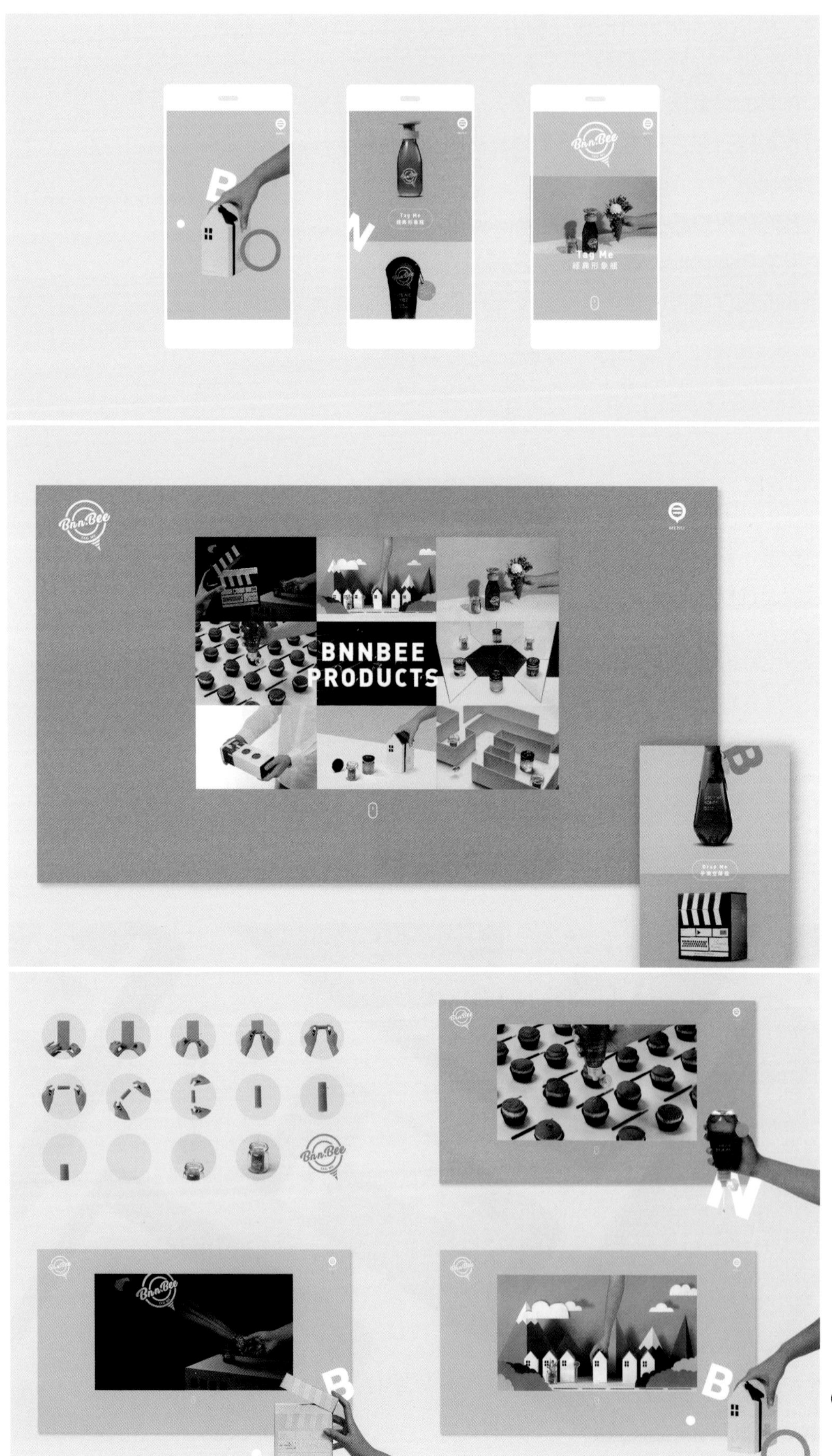

图 3-20 Bnnbee 是著名的蜂业品牌，网站选择温暖的黄色会让人直接联想到该品牌的产品

3.1.4　视觉的感知与记忆——图标和图像

图标和图像是界面设计中视觉感知的核心要素，图标可以帮助用户更快捷、更有效地获取信息；图像可以作为内容、装饰或导航，方便用户理解和记忆，是信息传递过程中的重要载体。

广义的图标（Icon）是指一种图形符号，它象征着一些众所周知的属性、功能、实体或概念。随着计算机的出现，图标被赋予了新的含义，又有了新的用武之地。在这里图标成了具有明确指代含义的计算机图形。桌面图标是软件标识；界面中的图标是功能标识；在计算机软件中，它是程序标识、数据标识，抑或是命令选择、模式信号、切换开关或状态指示。图标在计算机可视操作系统中扮演着极为重要的角色，它不仅可以代表一个文档、一段程序，还可以是一张网页或一段命令。当我们通过图标执行一段命令或打开某种类型的文档时，只需要在图标上单击或双击一下即可轻松完成指令。

图像是客观对象的一种相似性和生动性的描述或写真，它包含了被描述对象的有关信息，是人们最主要的信息源。按照记录方式的不同可将图像分为模拟图像和数字图像。模拟图像可以通过某种物理量（如光、电等）的强弱变化来记录图像的亮度信息，如模拟电视图像；数字图像是用计算机存储的数据来记录图像上各点的亮度信息。用户界面中的图像多数是指数字图像，是由扫描仪、摄像机等输入设备捕捉实际的画面产生的图像（由像素点阵构成的位图，如照片）或是通过计算机软件进行处理的绘图图像（由直线和曲线来描述的矢量图形）。

1. 图标设计

在界面设计中，图标的设计要以准确传达信息为目的，用最简洁的符号语言来表现功能和美感。因此，图标设计的基本原则可以简单概括为以下几点。

清晰识别性

清晰识别性是指图标的图形要能准确表达相应的操作。简单来说，就是当用户看到一个图标，便能够清晰地知道它所代表的含义，这是图标设计的灵魂。在人机交互过程中，图标设计最重要的目的先是让用户能够正确、简单、快捷地识别，其次才是创意和美观。图标不同于标识，标识不一定第一眼就能够让观众看出它的象征意义，而是需要通过长时间的领悟不断地加深印象。相反，图标则需要强烈的视觉识别性，需要清晰容易地被用户识别，太多的思考反而会打消用户的使用欲望。因此，在图标设计中，形式美并不是关键的，能不能准确地被识别才是设计的首要目的。

除此之外，图标设计还要考虑用户的视觉寻找特性，使用户能够比较容易发现和识别自己想要的图标。为了使图标更容易识别，设计师首先需要考虑怎样使图标传递更多的信息而避免增加用户寻找的时间；其次，图标在界面中的分组和排列也很重要，相似功能的图标尽量排列在一起，可以方便用户快速识别和联想。

风格统一性

风格统一性是指同一界面中的图标风格要具有统一性，一致的外观和感受可以使界面看起来更和谐和完整。相反如果图标缺乏一致性，则可能引起混淆，使界面看起来缺少条理性。由于图标的功能各异，所用的图形必定不同，因此可以通过添加共同元素或采用相同的图标轮廓外形来统一风格。例如，作品“党迹”中的图标设计，使用线形元素作为此套图标统一的外形轮廓，这样看上去风格更加整体。相同的布局、比例、色彩、质感、操作等也有助于图标风格的统一（见图 3-21）。除此之外，在图标设计时，还应考虑用户已有的习惯和接收信息的能力，在充分对比其他同类软件的图标情况后再进行设计更能保证用户体验的整体感觉。

艺术创造性

艺术创造性即是图标的视觉美感，当然这一点要建立在前面提到的清晰识别性和风格统一性的基础之上。首先，要根据目标用户确定图标的风格；其次，要保持图标简单性和示意性，避免过分地描绘细节，为了减少图标在信息传达过程中引起歧义，可以用文字配合图标的方式显示或是让图标具有某些动态特性；最后，要赋予图标个性与魅力，通过独特的创意和时代感的新颖造型给用户带来视觉上美的享受（见图 3-22、图 3-23）。

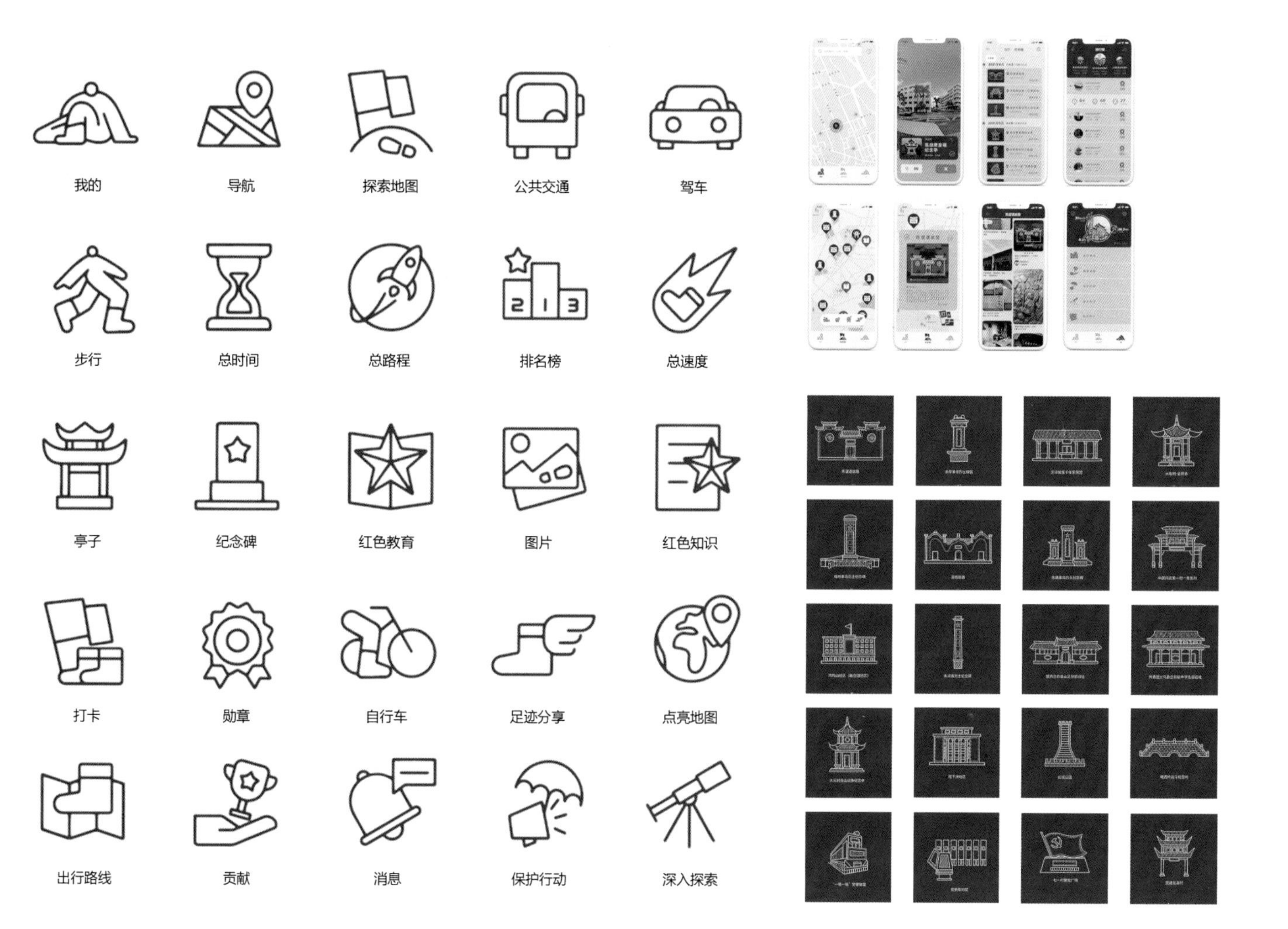

图 3-21　党的二十大报告指出：“坚持以文塑旅、以旅彰文，推进文化和旅游深度融合发展。”红色文化和旅游的结合，可以提升旅游产品的创新性和文化价值，并让旅游成为红色文化的传播平台。这不仅可以增加旅游服务的多样性，同时也有助于红色文化的创新和传承。“党迹”是一款应用程序，以全国各个城市特有的红色景点为基础，通过提供红色文旅导航，加强党史建设和城市凝聚力，图片为“党迹”的图标设计集群和部分用户界面

作者：戴广　赵原　郭如芯　　指导教师：赵璐　郭森　佟佳妮

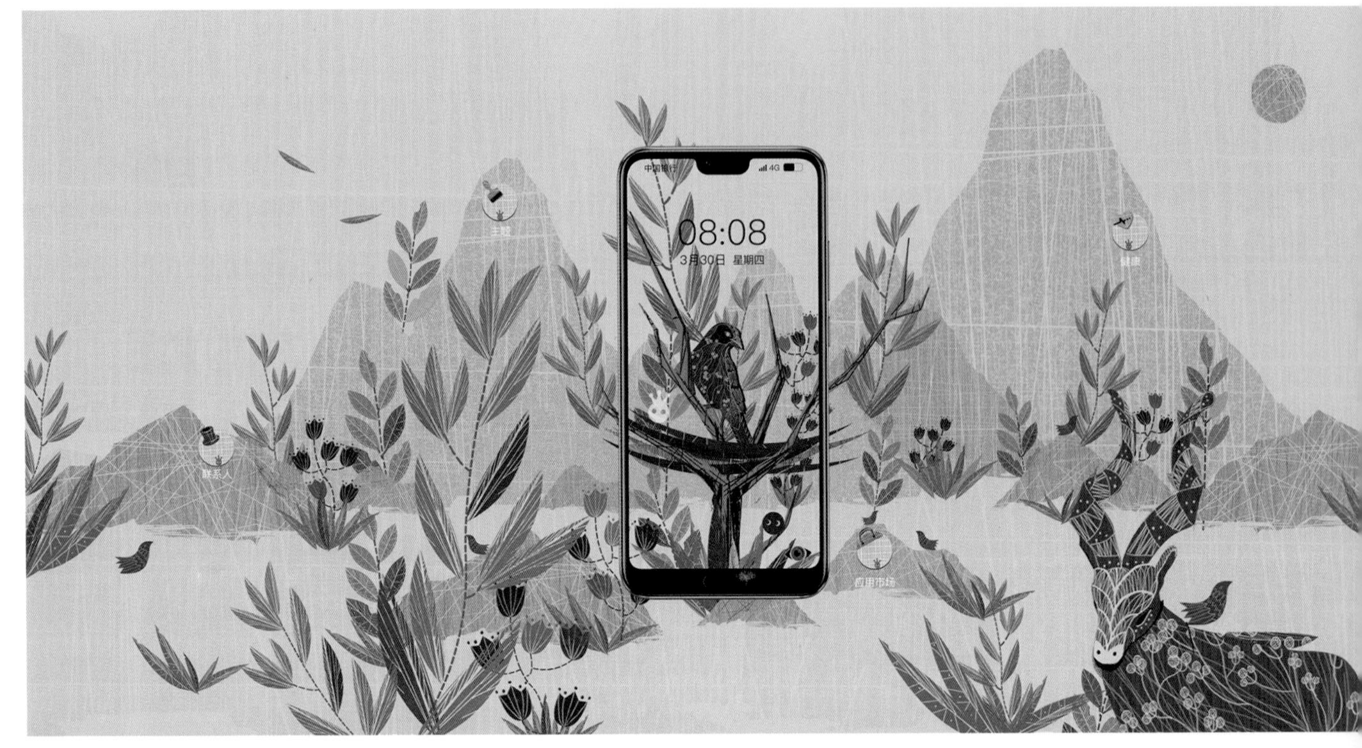

08:08
3月30日 星期四

08:08
08:08
上海
18℃
20 / 18
3月30日 星期四
应用市场
手机管家
图库
相机
拨号
联系人
信息
浏览器

主题
音乐
视频
日历
时钟
设置
运动健康
备忘录
电子邮件
拨号
联系人
信息

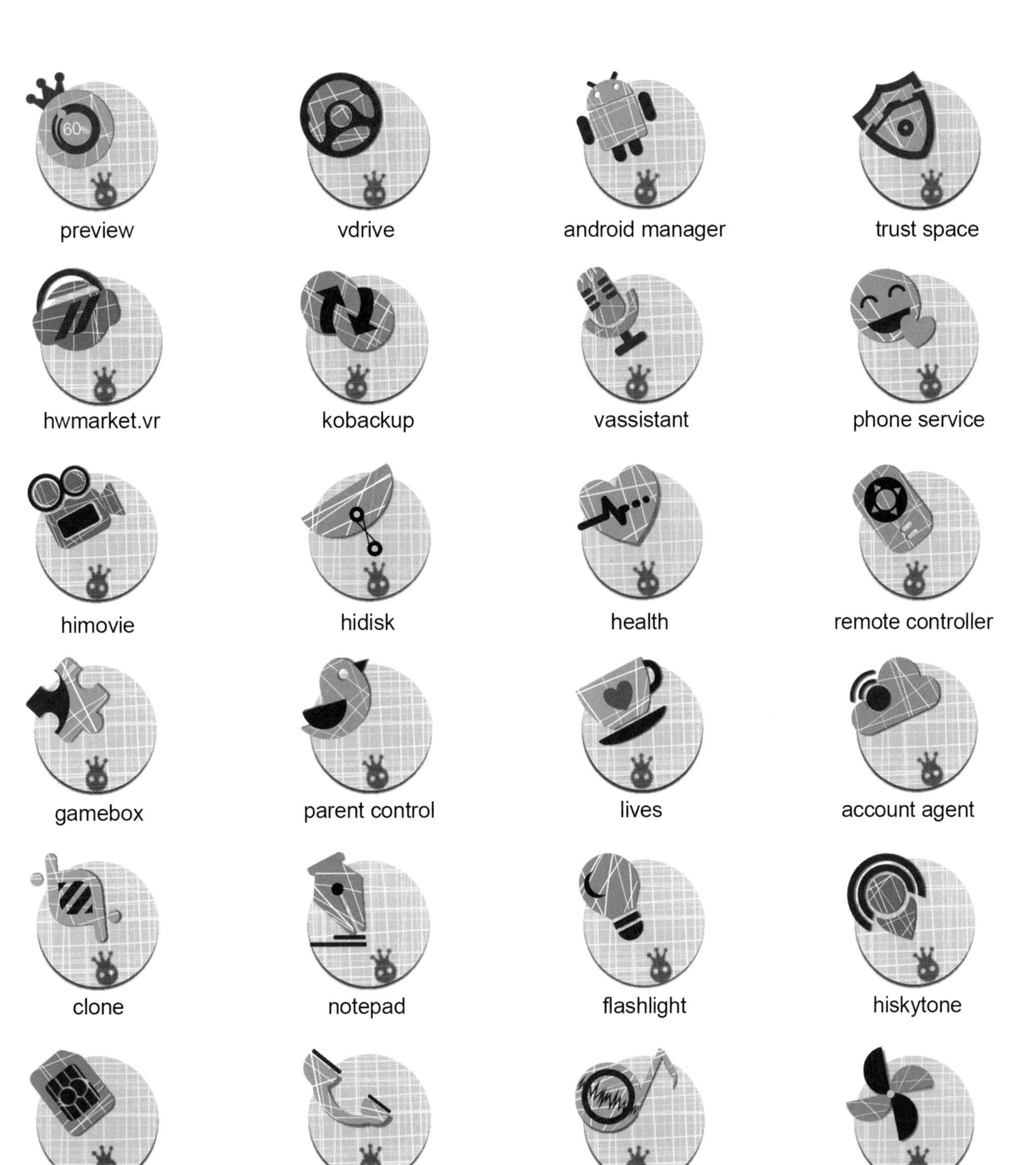

图 3-22 “灵魂伴侣”主题图标设计　作品荣获华为荣耀 10 全球主题设计大赛创意动效奖

作者：从世民　朱珈彤　金智璇　王皓月　　指导教师：赵璐　佟佳妮　尹妙璐

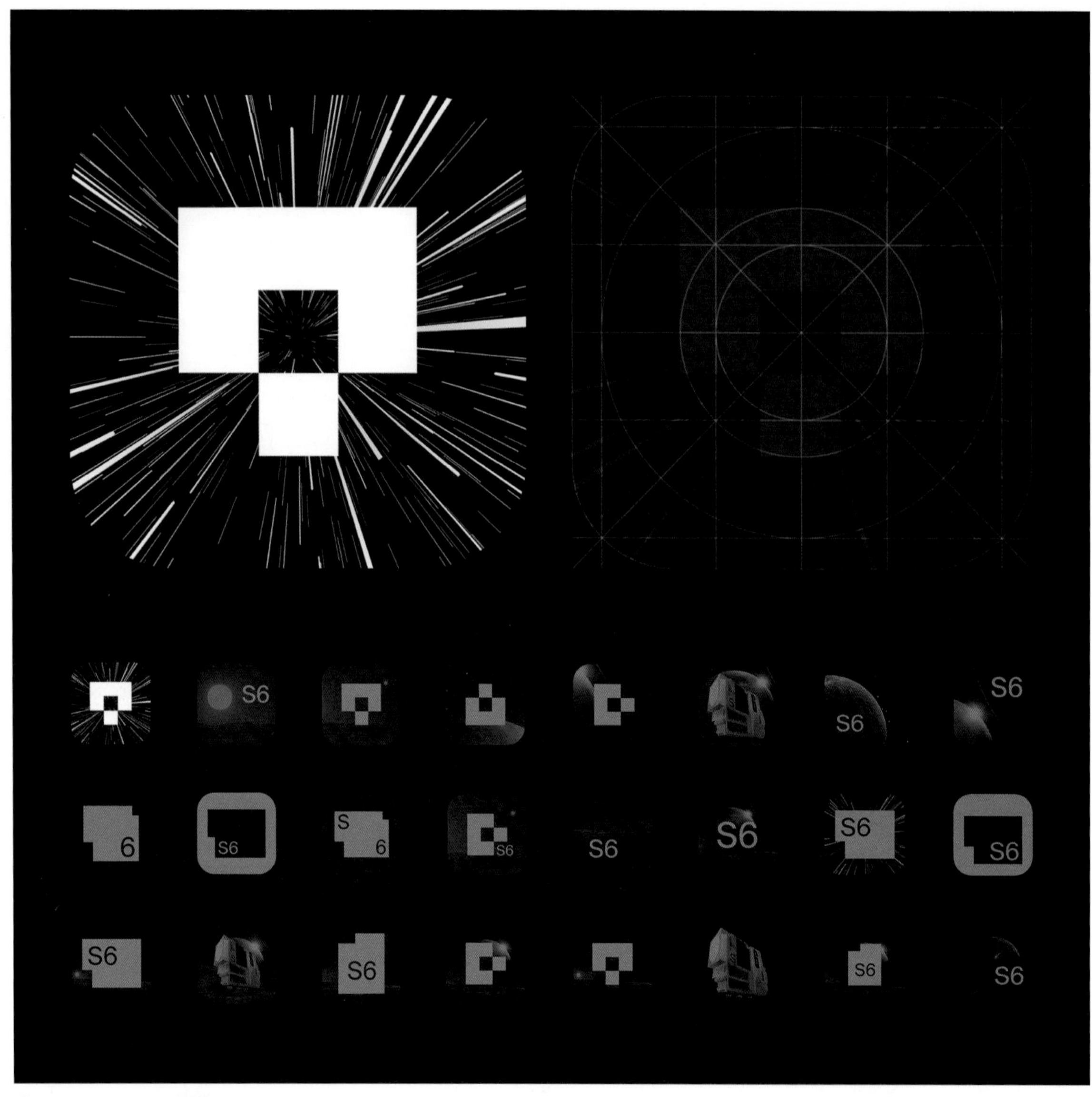

图 3-23 游戏程序 Sonder 6 中的图标设计 Tato Studio

合理隐喻性

隐喻本属于语言学的范畴，是语言学修辞的一种手法，在希腊文中隐喻的意思是“意义的转换”，即赋予一个词它本来不具有的含义或是用一个词表达它本来表达不了的意义。隐喻设计是界面设计中的重要组成部分，它解决了通过图形界面传达抽象信息的难题，使界面设计化繁为简，把复杂的问题变得简单。图标中的隐喻设计可以使用户对界面图标的认知行为变得更加迅速和直观。在图标设计中合理地利用隐喻修辞，可以有效地降低用户的辨识难度，让用户在轻松愉悦的状态下完成交互过程。

在界面图标设计过程中，准确了解用户需求是成功构建隐喻关系的第一步，然后通过概括、归纳、想象建立事物之间的联系，并针对这些联系来寻找所设计图标在现实生活中的隐喻对象。首先，在隐喻对象的选择上要尽量选择与现实生活中功能一致的图形。用户在初次使用时，就会在外形上有认同感，减少认知的困难，在具体使用中也会觉得顺理成章。例如，天气类应用程序的产品图标，大多选择太阳、云、雨等作为图标中的图形元素，可以让用户直观地联想到与天气有关的内容。其次，约定俗成的隐喻元素尽量不要轻易改变，如齿轮代表设置、信封代表电子邮件、房子代表主页、放大镜代表搜索或放大、打印机代表打印等，设计师可以通过丰富的视觉语言和创新方法将这些普通的图标重新设计来匹配不同的主题（见图 3-24）。再次，要考虑不同文化与不同社会背景的用户对该隐喻的认知差异，尽可能选择简单、易于识别和联想的，且能够让大部分用户理解和认同的隐喻对象。最后，要考虑所用隐喻的唯一性，避免所选的隐喻对象有多种指代含义，要尽量选择图形象征意义比较单一纯粹的元素，避免用户混淆概念，增加阅读负担，降低使用体验。

>>> 知识链接
1981 Xerox 8010 Star 桌面图标［图 3-24（上）］融合了奥托 Alto（第一台个人电脑）的许多设计特色，展示了人类互动的诸多考虑因素，如计算机、文档、文件夹和垃圾箱等图标。图 3.24（下）Macbook 的图标充分展示了图标的隐喻性，方便用户查找使用。

图 3-24　图标的隐喻设计　1981 Xerox 8010 Star 桌面图标（上）/Macbook 的图标（下）

界面图标设计规范：

图标尺寸

图标的尺寸一般选择 4 的倍数，这样有利于在成倍缩放的时候，不会造成半像素的情况。例如，48px×48px 的图标，缩小一半是 24px×24px；而 34px×34px 的图标，缩小一半是 17px×17px。在图标尺寸中应尽量避免出现单数。一般的图标标准尺寸有 4 种，分别为 16px×16px、24px×24px、36px×36px 和 48px×48px（见图 3-25）。

安全边界

为避免切图时过于贴边，导致图标出现不自然的边界，除上述规范外，还需要在图标周围添加一个外框，图标要在安全边界内呈现，不能超过外边界线。如外框为 48px×48px，内框也就是安全边界可为 44px×44px。

像素和角度

大多数情况下，保持 45° 角或其倍数的角。在 45° 角上反锯齿是均匀分布的（活跃的像素一直是对齐的），因此消除锯齿后结果会很清晰，并且

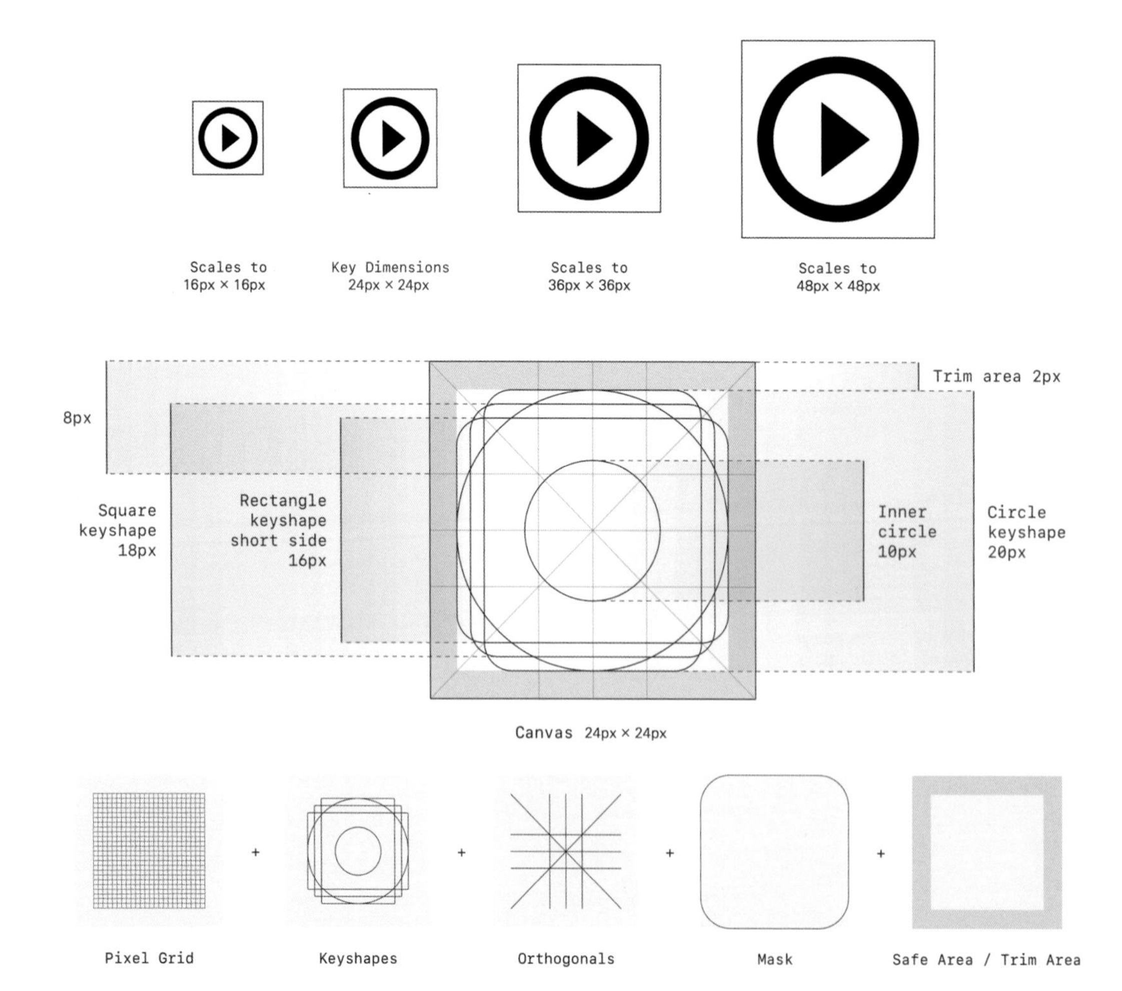

图 3-25 Material 系统图标网格结构。此图标网格画布大小为 24px×24px，这意味着图标是按此大小创建的。然而，在使用过程中，系统图标可以调整为 36px×36px、48px×48px 等一系列尺寸

该角度在对角线上，让图案容易识别，这也让人看起来非常舒服。如果你的设计规定你必须打破规则，不妨尝试用两等分（22.5° 角、11.25° 角等）或者是 15° 角的倍数，或者根据不同情景和具体情况而定。用 45° 角等分的好处是，反锯齿的走势仍然是可接受的。

2. 图像应用

在一些用户界面设计中，图像可以将需要的交互整合应用到用户体验的主题语境中，这样图像既可以作为内容也可以作为导航。当图像作为内容存在时，既可以是与用户和场景相关联的，也可以是传达特定信息或仅仅是让人愉悦的。例如，联系人界面，在页面的最上端插入真实自然的人像照片，与当前场景中表达的信息紧密关联，界面看起来更加丰富。当图像作为传达特定信息时，如电子机票确认界面，通过搭配目的地城市的优美景色图像，可以帮助用户更加直观地理解飞行内容。当图像是通过大面积插图与小字文案组合的形式来表达信息，如文件存储 app 界面，通过矢量图像可以让用户更加快速地、愉悦地捕捉到允许存储的文件类型，节省信息理解的时间（见图 3-26）。

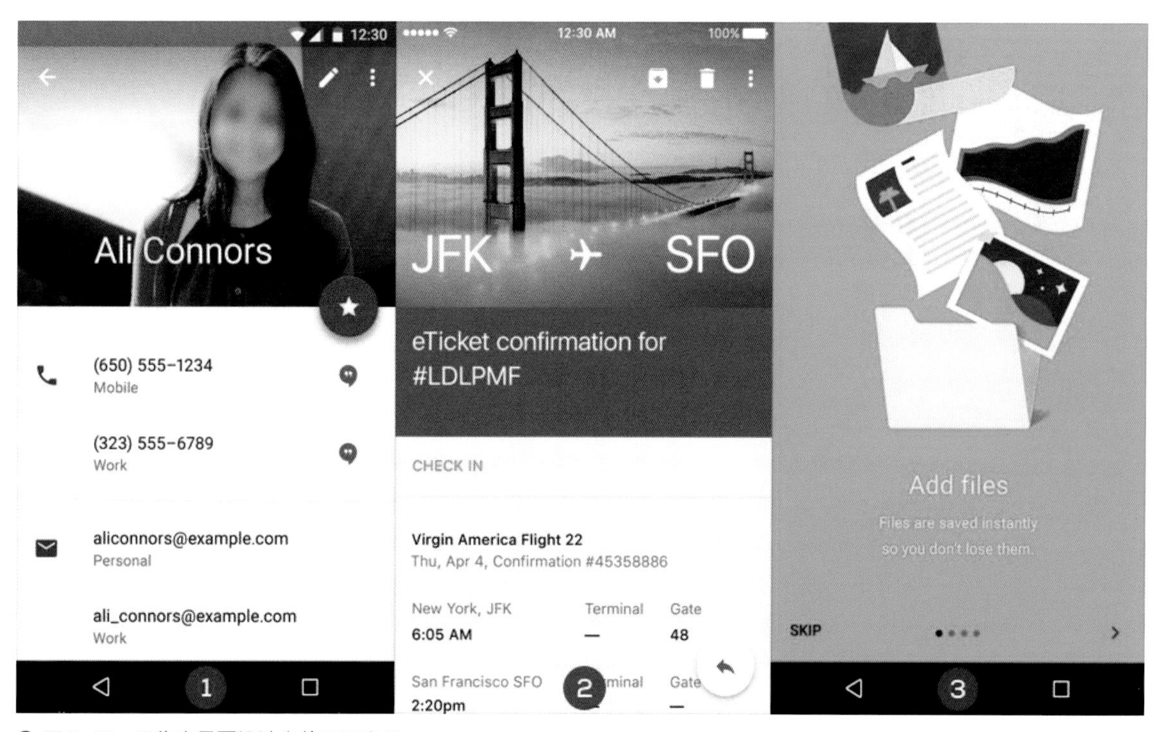

图 3-26　图像在界面设计中的不同应用

当图像作为导航使用时，它的意义主要体现在两方面：一方面是其所承担的视觉隐喻，另一方面则是具有指示交互的功能。例如，俄罗斯软件公司 Sensi Soft 网站设计，主页是俄罗斯莫斯科红场前的一个邮筒图像，将邮筒上的广告纸张作为页面的导航，随着邮筒上内容的变换，时空也会发生转移，搭配背景音乐和动效，仿佛将用户置于不同年代的场景当中，给人耳目一新的感觉(见图 3-27)。

图 3-27 俄罗斯软件公司 Sensi Soft 网站设计

3.1.5 唯美的操作体验——动态特效

界面中的动态特效（简称动效）是指设备运行时间内和交互过程中的动画效果，与视频和动画演示不同，动效主要用来传达内容、动作调用和交互反馈等。随着体验经济时代的到来，用户对产品的关注不仅停留在功能与美感上，还要对产品的交互提出更高的要求。动效的运用作为交互设计实现的方式之一，它不仅能带给用户自然顺畅的交互体验，还能明显地提高交互操作的情感化和友好性。

动效设计（见图 3-28）在移动设备界面中的应用最为广泛，是必不可少的界面设计元素。常见的基础动效包括位移和速度、放大和缩小、消失和出现、翻转、翻折、旋转、变形和变色等。设计师需要根据具体目标和界面内容选择或重新定义动效。目前常见的动效应用主要包括页面加载、转场、刷新、操作和等待等。为了吸引用户的注意，有时在标题、图标和按钮中也会设计相应的动效。

图 3-28 动效设计 Google Home

在 UI 用户界面中，动效设计的作用主要体现在以下四个方面。

让界面更加友好

生动的动效设计可以让用户认知过程更加自然，增加体验的舒适度。例如，欢迎界面中的动效设计（见图 3-29），当用户在操作过程中出现错误时，公牛就会变成红色，表情也会随之发生变化，作出适当的反馈。自然、生动的动效设计可以缓解用户因失误造成的挫败感，让体验更加友好舒适。

增加界面活力

出色的动效设计可以在第一时间吸引用户注意力，增加界面活力。当用户在操作过程中需要等待时，适当的动效设计可以在一定程度上分散用户的注意力，避免可能产生的焦虑，让枯燥的等待变得有趣。“正在删除”界面的动效设计如图 3-30 所示。

图 3-29 欢迎界面中的动效设计 Nozzman

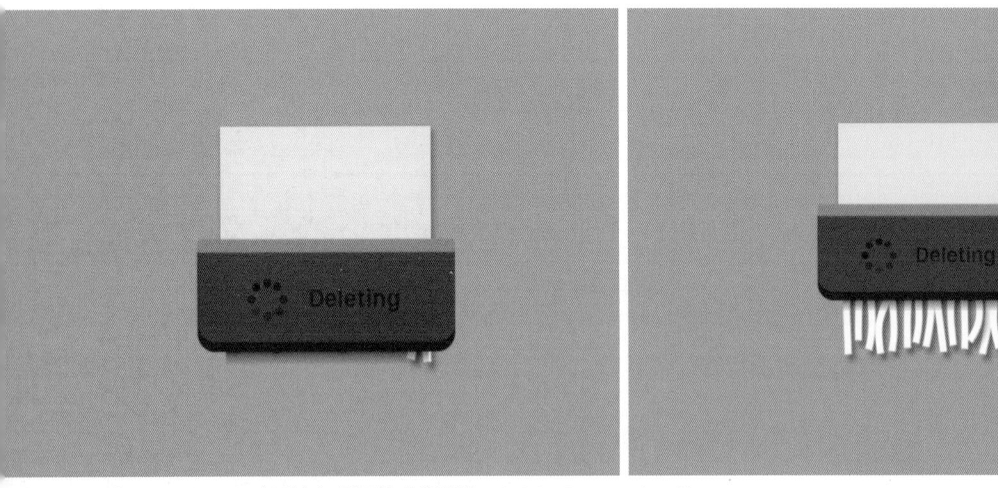

图 3-30 “正在删除”界面的动效设计 Origin Interactive SA

【欢迎界面中的动效设计】

【“正在删除”界面的动效设计】

表现层级关系

当界面中的元素存在不同的层级与空间关系时，恰当的动效可以帮助用户建立逻辑性，特别是在交互过程中用户需要操作多个页面来完成目标时，页面之间的转场动效可以模拟空间既视感，很好地展现页面之间的层级关系。常用的页面转场动效包括位移、透明度、缩放、旋转、自定义形变，还可以通过多种动画效果的组合设计出更多的转场效果。

帮助引导和提供反馈

当产品的功能和使用流程相对复杂时，可以采用简单的动效或动画来指导用户进行逐步操作，避免可能出现的认知疲劳。同时，在用户对界面控件信息等元素进行操作时，可以通过简单的动效对用户当前的操作给予提示和反馈（见图 3-31）。

除以上所述，动效的时长是界面设计中一项非常重要的指标。过长的、冗余的动效会影响用户的操作，造成负面体验，因此设计师应该合理地掌握和控制动效的速度和时长，优秀的动效设计应该满足以下四个方面：让操作体验更舒适；让信息反馈更有效；让任务完成更容易；让情感体验更丰富。自然、高效和令人愉悦是优秀动效设计的重要特点。

图 3-31　旋转的动效会可以提示用户下一步的操作，起到引导作用　Minh Pham

【界面中的旋转动效设计】

3.2 不同应用领域下的界面设计与表现

用户界面应用非常广泛，涵盖了软件产品、游戏、网站、多媒体系统、智能穿戴设备、智能家居、移动通信设备、数码影像产品和车载系统等。在坚持界面设计的基本原则下，不同应用领域下的用户界面设计与表现有着各自的特点。

3.2.1 移动应用软件

随着智能手机、平板电脑等智能移动设备的兴起和普及，运行在智能移动设备上的移动操作系统平台也在日新月异的发展，如谷歌公司的 Android（安卓）、苹果公司的 iOS、微软公司的 Windows Phone 等，同样也激起了移动应用软件的井喷式发展，越来越多的应用软件充斥着人们的日常生活，若想了解和使用它们，都要从界面开始。

移动应用软件又称手机软件或移动应用，英文简称 app，是指设计给智能手机、平板电脑或其他移动设备运行的一种应用程序。app 界面是用户与产品交互最直接的层面，界面设计的视觉呈现效果决定着用户对软件的第一印象，也体现了产品的整体性格。在 app 界面设计时，首先，由于移动设备屏幕尺寸较小，为了提升屏幕空间的利用率，在布局上应当以内容为核心，优先突出用户需要的信息，简化页面的导航。其次，要为移动触摸而设计，以信息架构为基础，优先设计自然的交互手势，在用户交互过程中及时给予操作反馈。界面设计应简洁清晰、易于操作。此外，协同的多通道界面和交互会让用户更有真实感和沉浸感，适当情境下可以考虑调动用户的多感官体验。最后，保留视觉设计的初心，让界面看上去更美观，在细节处制造惊喜，以愉悦的、舒服的方式向用户呈现信息（见图 3-32）。

图 3-32 “NEC 步行分析技术”是一种医疗解决方案，可以分析人的步行方式。该应用程序可通过识别不良姿势，来帮助降低健康风险（腰痛或其他可能导致个人并发症的问题）。放置在人的鞋子中的插入式鞋底配有监视步态和位置的设备，以提供有关个人行走方式的客观数据

3.2.2 游戏

互联网时代，计算机游戏已成为流行的娱乐方式，从技术角度来说，它是以计算机为操作平台，通过人机互动的形式加以实现的。从内容上讲，计算机游戏是一个让玩家追求某种目标，并且可以让玩家获得某种“胜利”体验的娱乐性文化产品。

游戏界面是指游戏软件的用户界面，包括游戏画面中的按钮、动画、文字、声音、窗口等和游戏玩家直接或间接接触的游戏设计元素。计算机游戏界面设计（Computer Game Interface Design，CGID），是指对以计算机为运行平台的电子游戏中与游戏玩家具有交互功能的视觉元素进行规划、设计的活动。不同于其他类型的应用界面，游戏界面中的所有可视化元素都应该为游戏体验服务，在界面设计和表现上应当简洁易懂，过分修饰或过于烦琐都会干扰玩家的注意力，不能让玩家集中精力体验游戏。游戏界面的设计应该具有极强的易懂性，对于新手玩家要容易上手，对于高级玩家要充满挑战。游戏界面的色彩和质感应与游戏世界风格保持一致，界面布局要平衡统一，信息内容要醒目突出。还要考虑游戏界面的动态交互，毕竟最终的界面是要让玩家通过动态的过程来使用，设计师必须将玩家种种行为的可能性与动效的配合考虑在内。

游戏界面按照类型可分为操作界面、音效界面、剧情与情感性设计界面和场景环境界面。

操作界面

操作界面主要包括智能键盘、主菜单栏、工具栏、综合信息栏和状态栏、即时明细小窗口等。所谓的智能键盘是指当用户按下键盘上的任意一个字母、数字或没有特殊用途的符号，游戏界面就会弹出一个智能键盘，玩家通过智能键盘输入中英文和数字来搜索想要的类别（见图 3-33）。

音效界面

音效界面在游戏设计中是极其重要的，一般来说可以分成以下三种形态。

① 背景音效：与背景音乐同时、不间断地播放。

② 随机音效：在一个场景中，随机播放出来。

③ 定制音效：随玩家的操作而播放的音效。

优秀的音效界面设计不仅可以提升玩家的互动体验，还可以烘托游戏的整体氛围和意境，营造沉浸感，起到画龙点睛的作用（见图 3-34）。

剧情与情感性设计界面

游戏的剧情是游戏的灵魂（除了少数不需要剧情的游戏，如体育类、赛车等），游戏通过各种各样的方法让玩家融入设定的剧情中以打动玩家。如果游戏的剧情不吸引人，那么无论游戏的表现手法有多好，也不能让玩家全

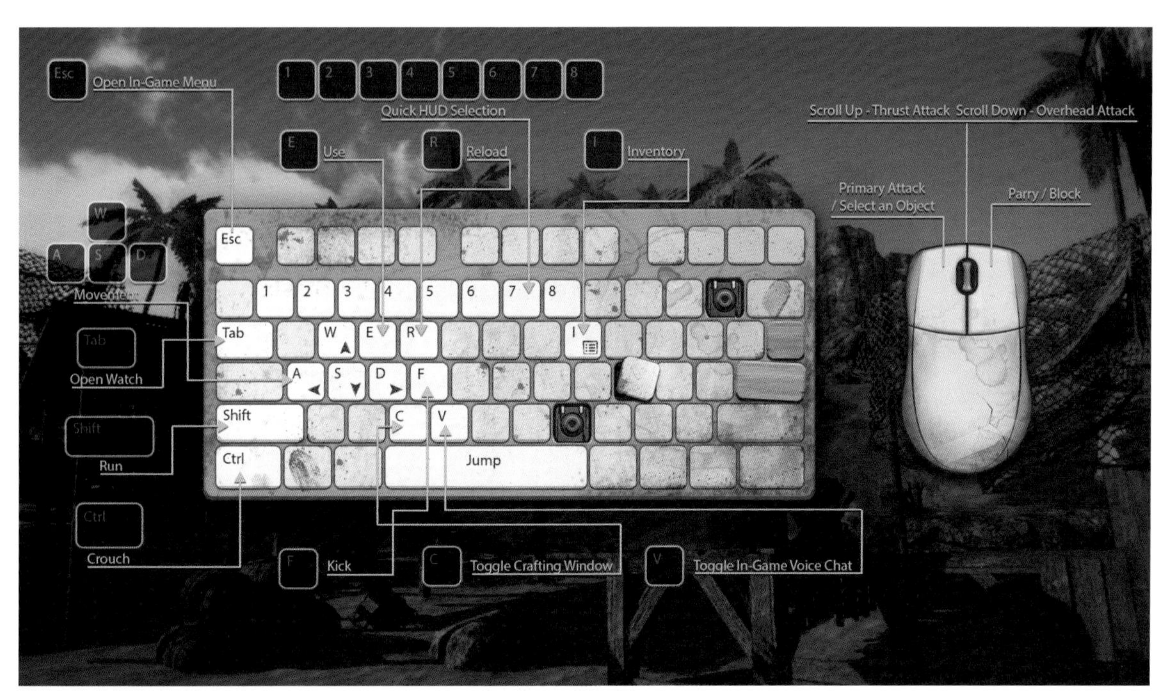

图 3-33　游戏操作界面　Hella Games Entertainment

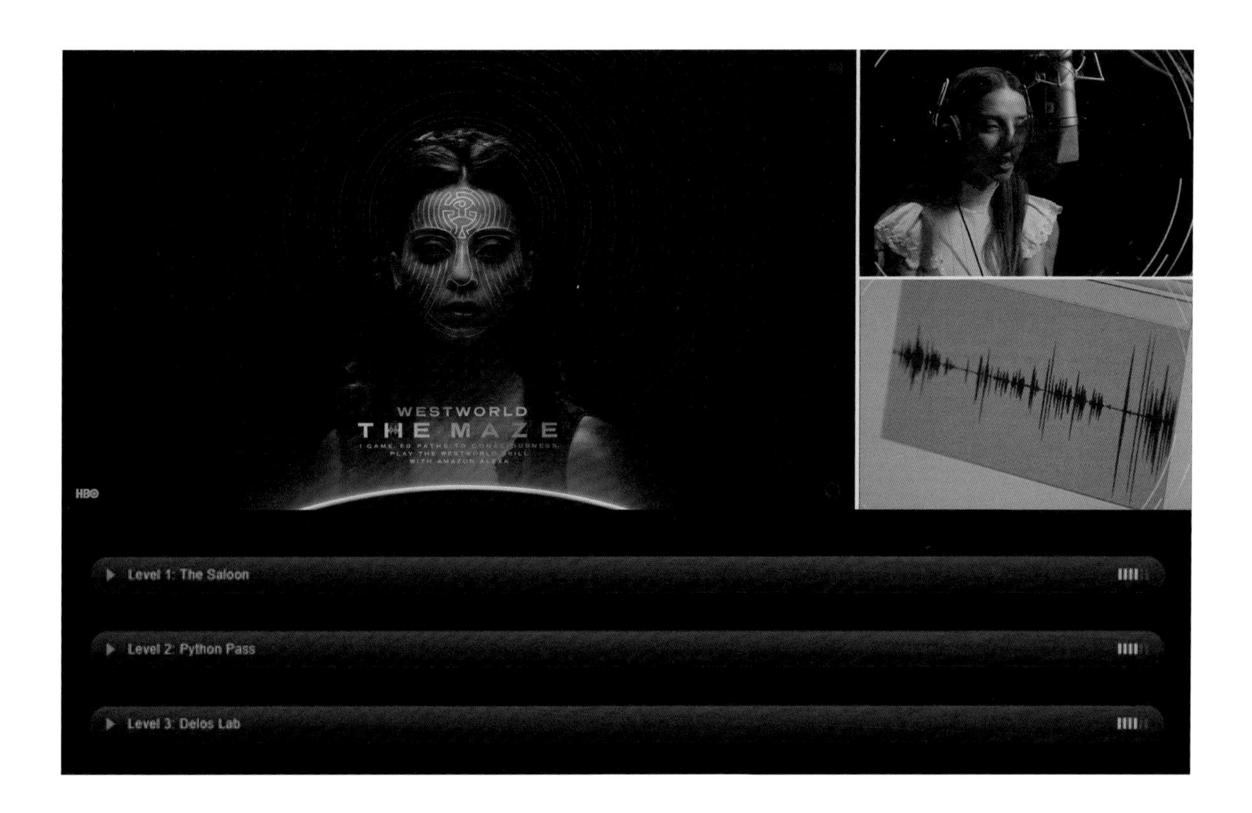

图 3-34　音效界面“西部世界：迷宫”是亚马逊 Alexa 上的一款沉浸式语音互动游戏，玩家可以在家中仅使用音频交互来导航 HBO 的西部世界。通过音频交互，玩家可以和原剧中的 36 个不同演员进行原声互动并自主选择游戏情节，形成不同的故事线

身心投入其中。游戏所要表现的内容必须能够被玩家接受，而且还要有创新。中国玩家与欧美玩家有着很大的文化差异，在游戏的表现形式上，欧美地区的游戏大多重视人物与场景的真实性，看上去像电影一般，而中国的游戏普遍追求漫画式的效果，讲究意境之美。

情感性设计界面是将游戏所要表达的情感传递给玩家，取得与玩家的感情共鸣。情感把握在于如何触及玩家内心，而不是设计师个人情感的抒发。在设计过程中，注重从游戏本身的机制、剧情、玩法等方面注入更多的创意和想法，避免个人任何形式的主观臆断与个性的自由发挥，情感性设计界面直接反映着玩家与设计的关系（见图 3-35）。

场景环境界面

场景环境界面是指游戏剧情中的特定环境因素对玩家的信息传递。环境性界面设计所涵盖的因素是极为广泛的，它包括了政治、历史、经济、文化、科技、民族等，这方面的界面设计体现了艺术设计的社会性（见图 3-36）。

图 3-35 “哑目连”是以浙江省传统戏剧哑目连和目连戏为创作背景的剧情类游戏设计，游戏主角是娄素芬兄妹，剧情讲述了主人公为了寻找已经失传的哑目连剧段，层层询问，不惜跑遍整个上虞村的故事。游戏通过探索未知、解决谜题等情节和探索性互动方式将玩家迅速带入剧情中。除此之外，画面采用中国风剪纸搭配目连戏传统音乐，让玩家仿佛置身于上虞村的街景之中。作品获碧桂园“未来契约”青年社会设计大赛社会设计百强荣誉

作者：郭心钰　毕咏言　陈欣欣　　指导教师：郭森　佟佳妮

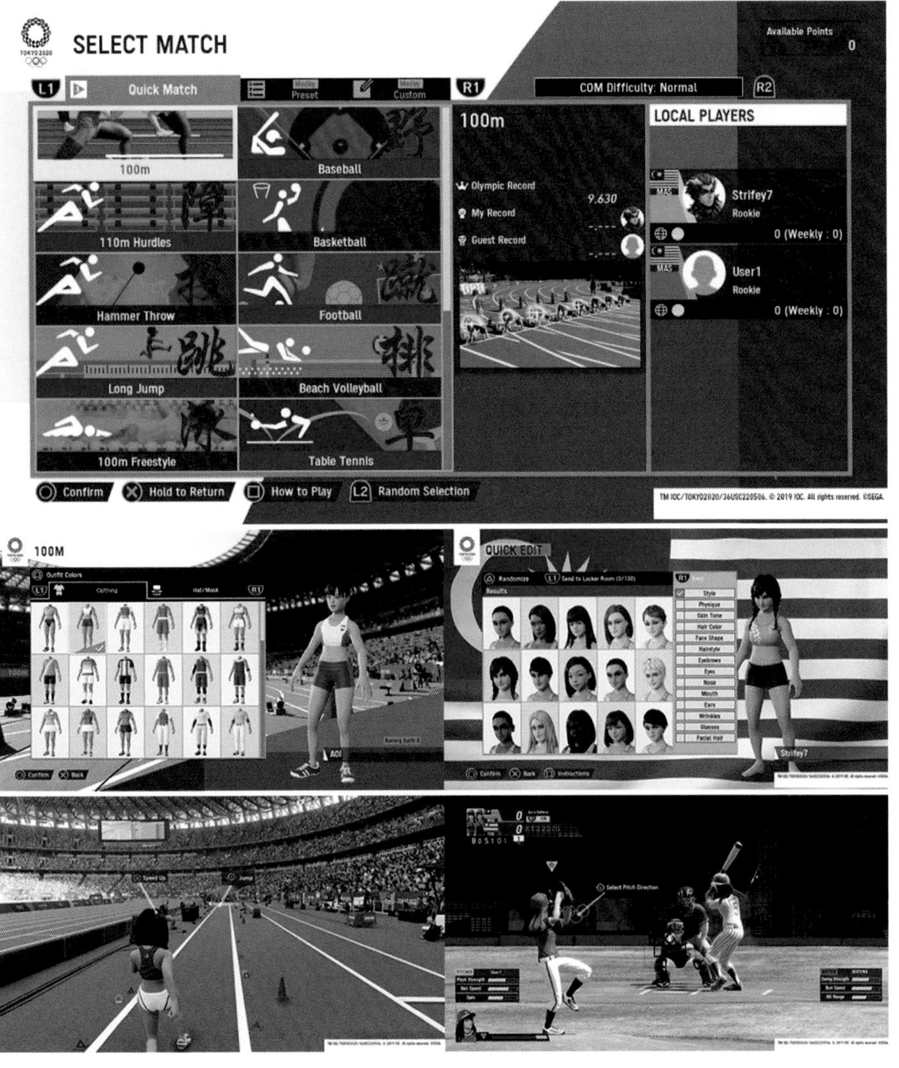

◎ 图 3-36　场景环境界面 2020 年东京奥运会官方授权游戏　SEGA Games Co., Ltd.

3.2.3　网页

网页是构成网站的基本元素，是把文字、图形、声音、动画及程序等多媒体信息相互连接起来的一种信息载体。

网页界面是用户与网站交互的重要媒介，与传统的平面设计相比，网页界面设计的特点在于它的交互性、持续性、多维性、多媒体性，其目标是优化信息与通信系统以满足用户的需求。网页界面设计必须以科学与艺术的紧密结合为基础，始终遵循功能与美感的高度统一原则，让用户在“动态的”浏览操作中感受网页界面的设计之美（见图 3-37）。

图 3-37　设计师 ERIK BERNACCHI 个人网站

3.2.4　智能穿戴设备及其他

智能穿戴设备是指高科技智能化的日常穿戴服饰或配饰等。它不仅包括智能眼镜、手表、手环、手套，还包括智能珠宝配饰、智能服装、智能头盔等多形态和功能的产品。智能穿戴设备可以通过传感器、射频识别和全球定位系统等传感设备，在移动互联网上实现人与物随时随地的信息交流。目前，智能穿戴设备主要应用于工业、医疗、军事、教育等领域，常见的智能穿戴设备包括智能手表、智能眼镜、健康手环等（见图 3-38）。

智能穿戴设备界面的显著特点就是屏幕偏小，因此在界面设计上应该简洁明快，尽可能用图标元素代替文字，且图标设计要准确和易于识别。在颜色搭配上应醒目、舒适，同时强调用多样化的输入方式替代文本输入等。

界面作为重要的信息交流媒介在数码产品、智能家居、车载系统等领域也发挥着重要作用，为用户和产品之间建立起更加方便和人性化的桥梁。常见的有数码产品中的触屏界面；智能家居场景的控制界面（见图 3-39）；家居模拟界面；调光灯控制界面和家电控制界面；车载系统中的导航界面和智能中控系统等。

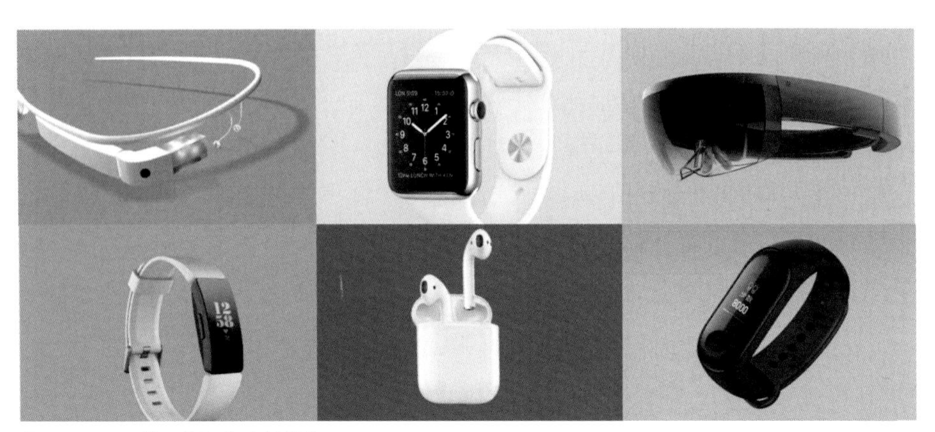

图 3-38　常见的智能穿戴设备

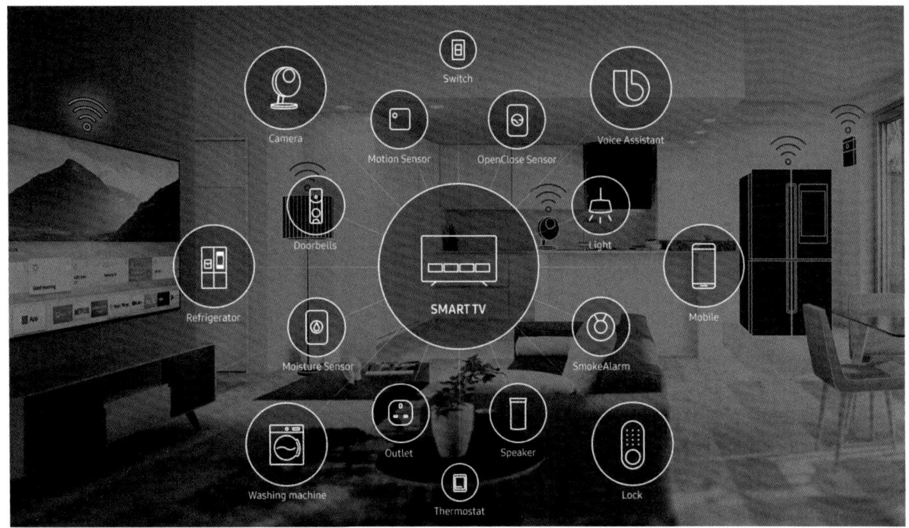

图 3-39　智能家居场景的控制界面　Samsung

3.3 指尖科技——后维普斯时代的界面设计技术创新

在后维普斯时代，个人计算机不再局限于台式机，图形用户界面也已经在智能手机、平板电脑上应用了。人机交互以更自然和直接的方式进行输入和输出。在后维普斯世界里，用户可以通过界面轻松地获取所需内容，使人机交互的方式变得更加丰富和多元：手势、语音、动作捕捉、眼动跟踪、表情识别都以更加自然的方式操控着软件和设备。科技的创新和发展为人类带来了惊喜和便利，同时也影响着界面设计的不断创新和发展。本节将介绍目前在界面设计中应用比较广泛的三种技术：二维码、增强现实和触摸屏，以及用户界面在这三种技术下的具体表现和创新。

3.3.1 二维码

二维码在人们日常生活中应用非常广泛，特别是在智能手机普及的今天，更是极大地发挥了它的潜能和作用，通过手机摄像头扫描，即可读取各种信息。无论是报纸、传单、图书、海报，还是户外屏幕、广告牌、包装及其他任何可感知的物体上都可以看到二维码的身影（见图 3-40）。通常来讲，我们所说的二维码是指流行于移动设备并具有高速识别特点的 QR Code，它是一种可以容纳上万个字节信息的二维条码，是从物理世界通向网络世界的一座桥梁。二维码所能链接的数据类型包括文本、图片、声音、游戏、视频、网址、地理位置信息、指纹和账户等。

二维码是印刷品和数字媒体之间的“迷你界面”，通常我们看到的二维码都是由黑白两色组成的。随着条码技术的不断发展，二维码的呈现方式也逐渐从无色过渡到彩色再到可以填充图案的个性彩码（见图 3-41）。不同于传统二维码的识别技术，彩码具有更高的容错能力，允许图形有一定的畸变，同时在四色（黑色、蓝色、绿色、红色）取值上也有较大的范围，在一定规则下，设计师可以自由地进行平面创意设计，或是将企业的行业特质、服务特性及品牌的形象标识融合其中，形成具有视觉意义的移动领域新商标，为品牌注入新鲜活力（见图 3-42）。

二维码的工作原理：二维码是一个方形条形码，有三个角是方块，可以帮助图像输入设备或光电扫描设备自动对其定位并进行解码。右下角的小方块帮助对准设备，称为码元。中间锯齿状斑点区域，包含与网页相关的数字化信息，是资料储存区。二维码具有强大的纠错功能，即使编码变脏或破

图 3-40　二维码应用于生活场景

>>> 知识链接

美国弗雷德里克·布鲁克斯（Frederick P. Brooks, Jr.）在他的著作《人月神话》中曾指出，在过去 20 年内，软件开发领域中，令人印象最深刻的进步是维普斯（WIMPS 是由 Windows、Icons、Menus 和 Pointers 组成的缩写）界面的成功，它是人机互动领域最普遍的计算机互动界面。通过视窗、图标、菜单、指针这些视觉组件实现界面的导航、交互和内容之间的信息传达，是人与计算机交互的视觉承担者。维普斯图形用户界面在输入方式上主要依靠鼠标、压感笔、遥控器、游戏控制台、操作杆、滚轮和触控面板等。随着数字科技的不断发展，今天的图形用户界面呈现后维普斯特征。

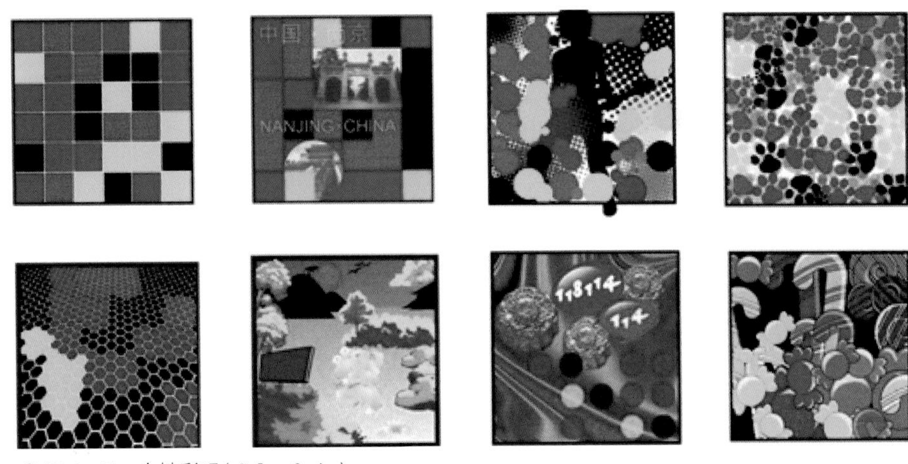

图 3-41　个性彩码（Color Code）

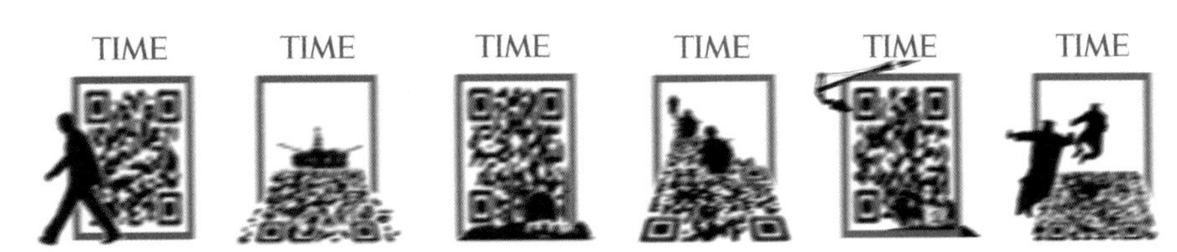

图 3-42　美国《时代》杂志二维码设计，除延续著名的红框标识之外，画面图形也是从真实的照片转化而来的

损，也不会影响数据识别，一般纠错率为 7%～30%。如果进行个性化设计，设计师应综合考虑使用环境、编码尺寸等因素后选择相应的数值，确保二维码可以有效识别（见图 3-43）。

二维码除了可以印制在传统的平面物体上，还可以以更加丰富的视觉效果呈现，如数字屏幕里的动态二维码、物理空间中的材料拼贴二维码、现实环境中的雕塑或雕刻二维码、基于地理位置的增强现实二维码等。二维码正在以其独有的优势不断向全新的空间和领域延伸，它作为信息传递的入口提供给我们太多的参考和指引，同时它也为未来的界面设计提供了方向。在今天的数字时代，科技与设计密不可分，设计透露着科技的发展轨迹，科技推动着设计的创新变化，只有二者相互融合，才能更好地为人类服务（见图 3-44、图 3-45）。

二维码工作原理
二维码是一个方形条形码，有三个角是方块，可以帮助图像输入设备或光电扫描设备自动对其定位并进行解码
中间锯齿状斑点区域，包含与网页相关的数字化信息，是资料储存区
右下角的小方块帮助对准设备，称作码元
注：二维码具有强大的纠错功能，即使编码变脏或破损，也不会影响数据识别，一般纠错率为7%～30%。如果进行个性化设计，设计师应综合考虑使用环境、编码尺寸等因素后选择相应的数值，确保二维码可以有效识别

图 3-43　二维码工作原理

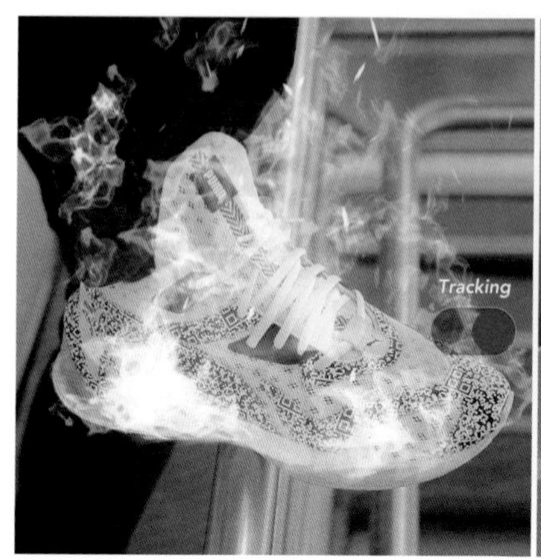
Tracking

图 3-44　LQD Cell Origin AR 的限量版运动鞋，鞋面布满二维码元素，用户可通过手机程序进行 AR 交互　彪马公司出品

图 3-45　通过扫描二维码呈现的立体建筑物图像

3.3.2　增强现实

增强现实（Augmented Reality，AR）是另一个可以使人们与周围现实世界的交互发生革命性变化的技术。在本书的第 2 章 2.1.3 节我们已经简单介绍了增强现实，并与虚拟现实进行了对比，这里就不再过多赘述。早期的增强现实技术主要依赖台式计算机或大型工作站作为系统应用平台，随着移动互联网的迅猛发展，尤其是智能移动设备的普及，基于手机或平板电脑的增强现实得到了广泛的应用和推广，如 AR 图书（见图 3-46）、AR 网购、AR 导览、AR 医疗、AR 信息检索等，增强现实技术越来越多地应用于各行各业。

目前，增强现实技术处于快速发展阶段，基于智能移动设备的增强现实技术需要三个部件才能发挥作用，一是用于激发增强现实图层信息的标识物；二是处理标识物并发送内容的软件；三是把标识物、软件和内容连接在一起的数字界面。

在数字屏幕里，增强现实界面需要实时显示标识物所处的真实环境，并动态地叠加一层从互联网上获得的附加信息，这就要求界面设计不仅要解决视觉传达的问题，还应解决功能和可用性的问题，并通过反复测试和试验来获得最佳的用户体验（见图 3-47）。随着科学技术的快速发展，特别是云计算与 5G 网络的成熟与普及，人类与物理世界的交互方式势必会再次迎来惊人的变化，未来智能设备的二维屏幕将会消失，取而代之的是更加虚拟的、智能的、完全沉浸式的全息 5D 界面，信息和数据将成为整个界面的焦点，系统将把丰富的数据推送到人们的眼前。脑植入技术将允许增强现实通过脑机接口直接嵌入我们的神经系统，人类将通过意念控制界面，如科幻电影中的场景一般(见图 3-48)。

增强现实技术有着无限的潜力和可能，对于界面设计师而言，应时刻把握科技的脉搏，溯源历史、思考未来，基于客观现实、基于用户价值、基于专业性和社会责任感来规划未来设计的新方式和新手段。

图 3-47　基于增强现实技术的谷歌“实景”地图导航，当用户将手机摄像头对准建筑物、街道标志或任何环境元素，谷歌地图会根据相应区域的街景数据进行识别并进行导航说明

图 3-48　元宇宙时代的虚拟场景

>>> 知识链接
元宇宙（Metaverse），也称为后设宇宙、形上宇宙、元界等，是一个聚焦于社交链接的 3D 虚拟世界网络。用户可通过虚拟现实眼镜、增强现实眼镜、手机、个人电脑和电子游戏机进入人造的虚拟世界。元宇宙生态系统包含以用户为中心的要素，如头像身份、内容创作、虚拟经济、社会可接受性、安全和隐私及信任和责任等。目前，元宇宙在游戏领域发展迅速，在商业、教育、零售和房地产领域有着较多的发展潜力。

图 3-46　Books & Magic 设计开发的《小美人鱼》是一本由数字游戏和故事书结合的新型的儿童图书。这本书与其他图书的不同之处体现在它可以实现数字交互阅读。书中的彩色图像可以被 AR 程序识别打开，程序把书中的知识领域以三维效果形式呈现书中人物，使它们就像是“活过来”一样。孩子通过 AR 能够看到书中的细节，通过阅读、娱乐和学习的方式与童话里的魔幻世界进行互动

3.3.3 触摸屏

触摸屏技术是继键盘、鼠标、手写板、语音输入后最易被大众所接受的计算机输入方式。利用触摸屏技术，用户只要用手指轻轻地触碰计算机显示屏上的图符或文字就能实现对主机的操作，让人机交互更为直截了当。目前常见的触屏类型包括电阻式触摸屏、电容式触摸屏、红外线式触摸屏、表面声波识别式触摸屏和电磁感应式触摸屏等。

当触摸屏作为用户界面的介质时，相比较维普斯用户界面，用户操作更为自然和直接，用户通过手指即可与屏幕内容进行互动。尽管目前的触控技术已经发展到非常成熟的水平，但是对触感的研究仍处于探索阶段。所谓的触感，简单来说就是当用户接触到屏幕的时候即可得到相应的触感反馈。目前，触摸反馈技术大多通过作用力、震动等一系列动作为用户再现触感，不少应用程序开发商将触感反馈技术应用到它们的移动游戏中，从而创造逼真的震撼感。例如，射击游戏中某种武器的后坐力或爆炸时的冲击力，或者乐器应用程序中弹动吉他琴弦时的震颤感，甚至是玩过山车游戏时耳边呼啸而过的风声。

随着触感反馈技术的不断深入，人们对触觉感知的需求会越来越高，人和机器的交互界面将不再受限于玻璃平面之下的二维世界法则，会变得跟现实世界一样细腻丰富。目前，科学家们正在尝试肌理触摸屏的研发，用以模拟物品的质地和形状，同时还能够根据用户的动作作出相应的力的反馈和形变，模拟出物体的重量，如果这项技术得以实施，将会直接影响着我们未来的生活。想象一下，人类可以通过屏幕感受到心仪产品的材质和触感，学生能够通过屏幕感受动物粗糙皮肤的实际触感来学习相关知识，当然，这种感觉的传递离不开界面设计，同时也给设计师带来了令人振奋的机会和需要解决的问题。如何整合界面元素使信息传递更有效，如何把用户对于界面的体验通过所有的感官系统带入日常的生活中，如何利用新型技术为用户重新定义设计和体验……面对充满挑战的未来是需要身为设计师的我们不停地思考、规划和努力的（见图 3-49、图 3-50）。

图 3-49　触摸屏技术的应用场景 1

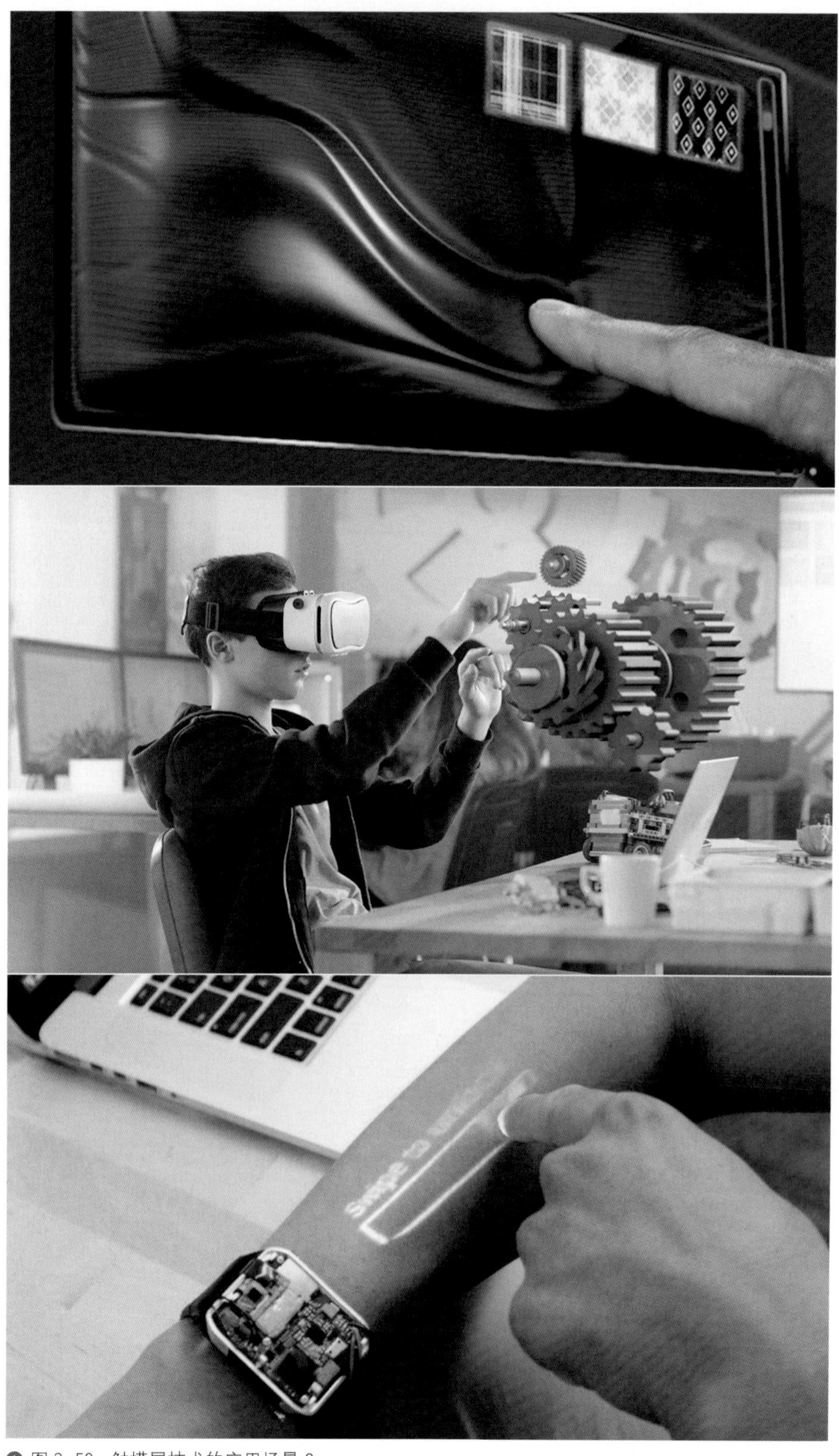

图 3-50 触摸屏技术的应用场景 2

单元训练和作业

思考训练

1. 思考用户界面中视觉设计的原则和方法，并尝试回答以下几个问题：
（1）什么是响应式布局，观察其在不同设备环境中网格系统发生了哪些变化？
（2）在用户界面中，字体编排设计包括哪些方面？
（3）用户界面中色彩的作用是什么？它们是如何向用户传达情绪的？
（4）简述图标设计的基本原则，思考在用户界面设计过程中，如何进行图标的隐喻设计？
（5）在移动设备界面中，常见的动效设计有哪些？它们的作用分别是什么？
2. 列举界面设计在不同领域的应用并分析其特点。

实践作业

1. 个人实践：在曾经使用过的用户界面中，收集你喜欢和讨厌的设计实例各 1 件，仔细分析并说明原因。鼓励运用所学知识有针对性地提出改进意见。
2. 团队实践：延续第 2 章的创作主题“中国传统文化”，结合本章学习内容，从网格布局、字体编排、屏幕色彩、图标和图像、动态特效等方面完成用户界面的视觉设计部分。

第 4 章

以人为本——用户体验的建立

教学要求

通过本章的学习，学生应从用户的感官特征、用户的心理表现和用户的个体差异等方面认识用户，理解用户体验是用户与界面交互过程中所建立起来的心理感受。深入理解感官体验、交互体验、情感体验、信任体验和价值体验是实现用户体验设计的五种途径，掌握用户优先的设计原则。

教学目标

培养学生对用户的深入认知，使学生能够理解用户体验在界面设计中的重要作用，提高学生在设计前期对用户研究的严谨性和对用户分析的准确度，能够熟练地将理论知识运用到实践中。

本章教学框架

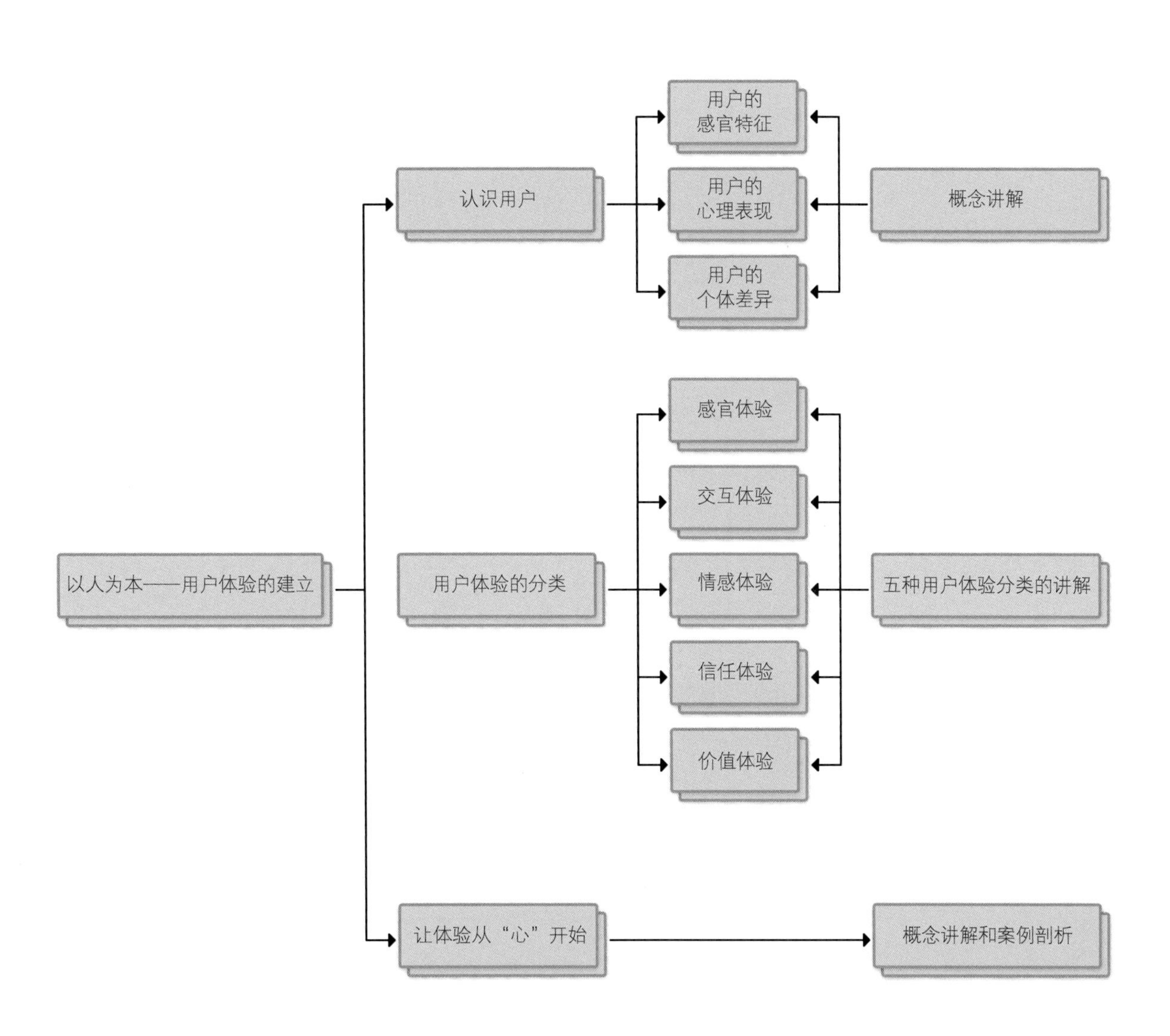

以人为本——用户体验的建立
认识用户
用户的感官特征
用户的心理表现
用户的个体差异
概念讲解
用户体验的分类
感官体验
交互体验
情感体验
信任体验
价值体验
五种用户体验分类的讲解
让体验从“心”开始
概念讲解和案例剖析

本章引言

用户体验是用户与产品（服务）交互过程中建立起来的心理感受。从信息技术应用的角度看，用户体验主要来自用户与人机界面的交互过程。“以人为本”是衡量人性所有外在事物的基本标准，即注重人性、人格和能力的完善和全面发展。在界面设计过程中，“以人为本”是用户体验建立的前提条件，强调用户优先的设计原则。它的核心思想是从用户出发，时刻高度关注并考虑用户的使用行为、预期的交互方式和视觉感受等方面。

在人机界面中，用户体验设计主要通过感官体验、交互体验、情感体验、信任体验和价值体验五个方面来实现。

4.1　认识用户

用户，作为网络互动的主体，时刻感受着设计带来的感官和心灵的“震撼”。认识用户是用户体验设计的第一步，也是建立良好用户体验的重要基础。尽管用户的世界是动态且复杂的，但对用户感官和心理等一般特点的认知是非常必要的。本节将从用户的感官特征、用户的心理表现和用户的个体差异三个方面展开介绍。

4.1.1　用户的感官特征

1. 视觉

视觉作为人的第一感官在收集信息方面起着举足轻重的作用。研究表明，人体中超过 70% 的感觉接受集中在视觉上，听觉、嗅觉、味觉加起来只占 30%。尽管语音识别技术和多点触控技术等为用户提供了更加多元的互动方式，但目前大多数网络互动产品还是依靠视觉传达，眼睛仍然是网络信息接收的主要器官。

在网络产品交互中，用户主要通过扫视的方式获取信息，即浏览网页界面。通过对大量视线跟踪研究结果的分析，发现用户在浏览网页界面时是遵循一定的视觉特点的。

（1）文字比图像更具吸引力。

与设计师一般所认为的相反，当用户浏览网页界面的时候，图像往往并不是吸引他们注意力的直接元素。研究表明，当用户偶然进入某个网站时，多数情况下会将主要的目光集中在寻觅信息上而不是观察图像。因此，在网页界面设计中，应确保最重要的信息板块得以凸显，能够被用户轻易地看到。

（2）眼球运动起始于左上角。

多数用户的浏览习惯是按照从左到右，从上而下的顺序，因此，网页界面中的左上角通常是视线最先触及的地方，大多数网站首页都会将品牌标志或名字放置在靠近页面的左上角位置。然而受不同行为习惯、心理变化、文化差异等因素的影响，用户的浏览方式也会存在差异，设计师需要根据目标用户需求有针对性地进行设计。

（3）“F”形网页界面浏览模式。

多数情况下，用户视线都不由自主地以“F”形网页界面浏览模式来浏览网页。首先，水平移动，用户在界面最上部形成一个水平浏览轨迹；随后，目光下移，扫视比上一步短的区域；最后，用户会将目光沿界面左侧垂直浏览（浏览速度较慢，也较有系统性和条理性）。这种基本恒定的阅读习惯决定了网页界面呈现“F”形的关注热度（见图 4-1）。

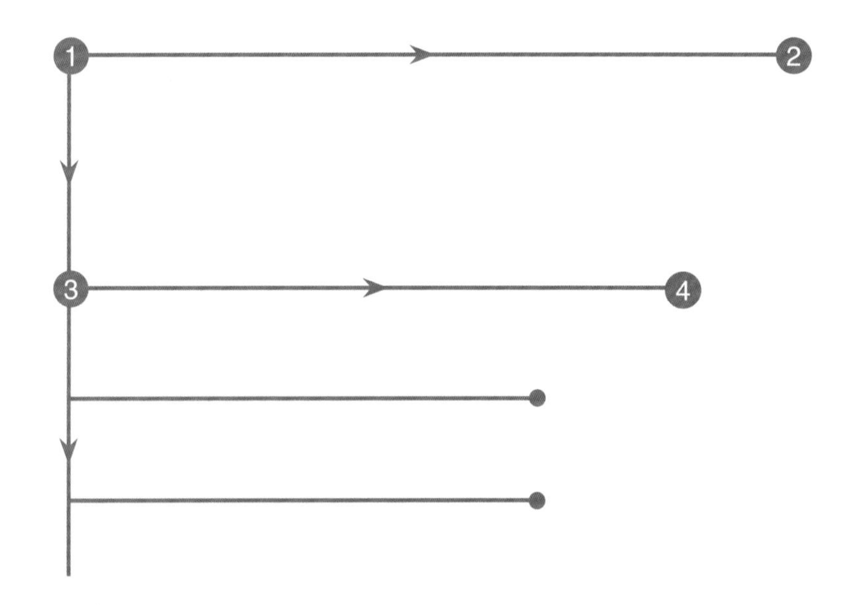

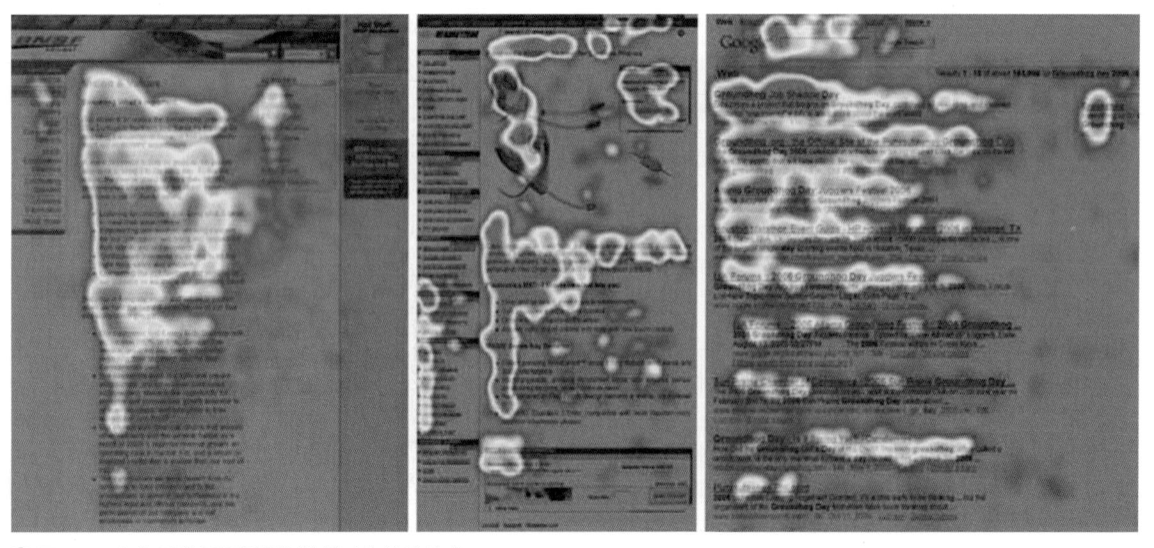

图 4-1 “F”形的网页界面浏览模式和关注热度

（4）有选择地过滤某些信息。

研究表明，用户在浏览网页时，停留在横幅广告的时间仅有几分之一秒。除此之外，花哨的字体和格式也会被用户当成是广告而被忽视，用户很难在充满大量颜色的花哨字体中寻找到所需要的信息。通常情况下，用户大多只浏览网页中的小部分内容。所以在设计网页界面时，应当有选择地突出网页某些区域的信息，以便用户找到和阅读。此外，短的视觉段落相对于长的视觉段落具有更好的表现力和识别性。

2. 听觉

听觉是除了视觉以外最重要的感觉器官。在日常生活中，人们常常被各种声音包围着，从人们交流的语言到自然界存在的各种声音，人们一直通过听觉接收和感知各种信息。由于人耳听觉系统非常复杂，所以到目前为止人类对它的生理结构和听觉特性等方面的研究还在不断深入。一般来讲，对人耳听觉特性的研究主要从音频、响度、音色三个方面展开。在用户界面设计中，声音是不可忽视的重要组成部分，特别是以听觉带动视觉、触觉作为补充或替换的信息通道时，已经充分地显现出了它的重要性和优越性。例如，智能家居、车载驾驶、企业应用、医疗教育等语音识别技术的应用和普及，可以帮助用户实现与设备的友好交互。与此同时，不同的音高、音强、音色、音长都会带给用户截然不同的感受。

在网络游戏中，良好的界面音效同样是获取信息和情感的重要途径，用以营造沉浸感和美学意境。例如，故宫博物院和网易联合开发的手机游戏——“绘真·妙笔千山”，除了制作精良且富有“东方韵味”的动人画面外，其浓郁的国风配乐更是与画面的“唯美意境”相得益彰。从“居所·碧浔芙蓉调”到“远望·妙眼成山”等近二十首各具特色的传统曲风配乐，加上生动的音效和立体饱满的角色配音，为玩家带来更为丰富细腻的游戏体验（见图 4-2）。

图 4-2 “绘真·妙笔千山”手机游戏界面 故宫博物院和网易

妙山
心中有桥，笔下有桥，那里就有桥。

一修
独翼单足，这莫非是传说中的比翼之鸟……可为何只有一只呢？

>>> 知识链接

音效（Audio Effect）或声效（Sound Effect）是人工制造或加强的声音，用来增强对电影、电子游戏、音乐或其他媒体艺术或内容的声音处理。

【"绘真·妙笔千山"手机游戏宣传片】

3. 触觉

在用户使用产品的过程中，触觉感受有着无法忽视和替代的作用。与视觉相似，触觉也是用来获取环境和物体外观信息的重要方式之一。对于视觉受损的人来说，触觉可以替代视觉获取信息，但是由于触觉感知需要与环境或物体接触，因此会受到更多的限制和制约。

触觉主要依靠皮肤进行感知，触觉感受主要分为三种类型：温度感受、疼痛感受和机械性刺激感受，分别对温度、疼痛和引起皮肤变形的机械刺激（如压力或振动）作出反应。其中，机械性刺激感受是触觉感受中最重要的感受类型，如能够感受到振动、拉伸、速度、飘动、弯曲等。触觉感受主要通过对压力的感知来实现，但由于受用户年龄、性别、接触面积和刺激类型等方面的影响，对压力的承受度也是截然不同的。触觉感受的主观性较强，当两个刺激同时产生作用时，用户倾向于感觉刺激发生在两个刺激位置之间的某个点，这个点的位置由两个刺激的相对强度决定，通常偏向强度大的刺激位置方向。与此同时，触觉还可以通过感知边缘获得物体的形状信息，如视障人士就是利用皮肤感知微小形变的能力触摸轻微凸起点（盲文）来识别文字的（见图 4–3）。

综上所述，建立感官体验是满足和提升用户体验的最有效方式，设计师应该科学、合理地利用用户的感官特征、心理表现、个体差异来丰富和设计产品（服务）体验，进而最大限度地满足用户的需要和期望。

图 4–3 Dot Mini 是一款适合视障人士使用的智能阅读设备，用户可以自行访问任何数字文本内容。Dot Mini 设备上的按钮和一般的阅读设备不同，它类似于盲文，方便用户快速地理解和操控设备，通过触感来判断其功能，得到想要的阅读资料，提升阅读体验

Firdose Fathima
Student Delhi Public School

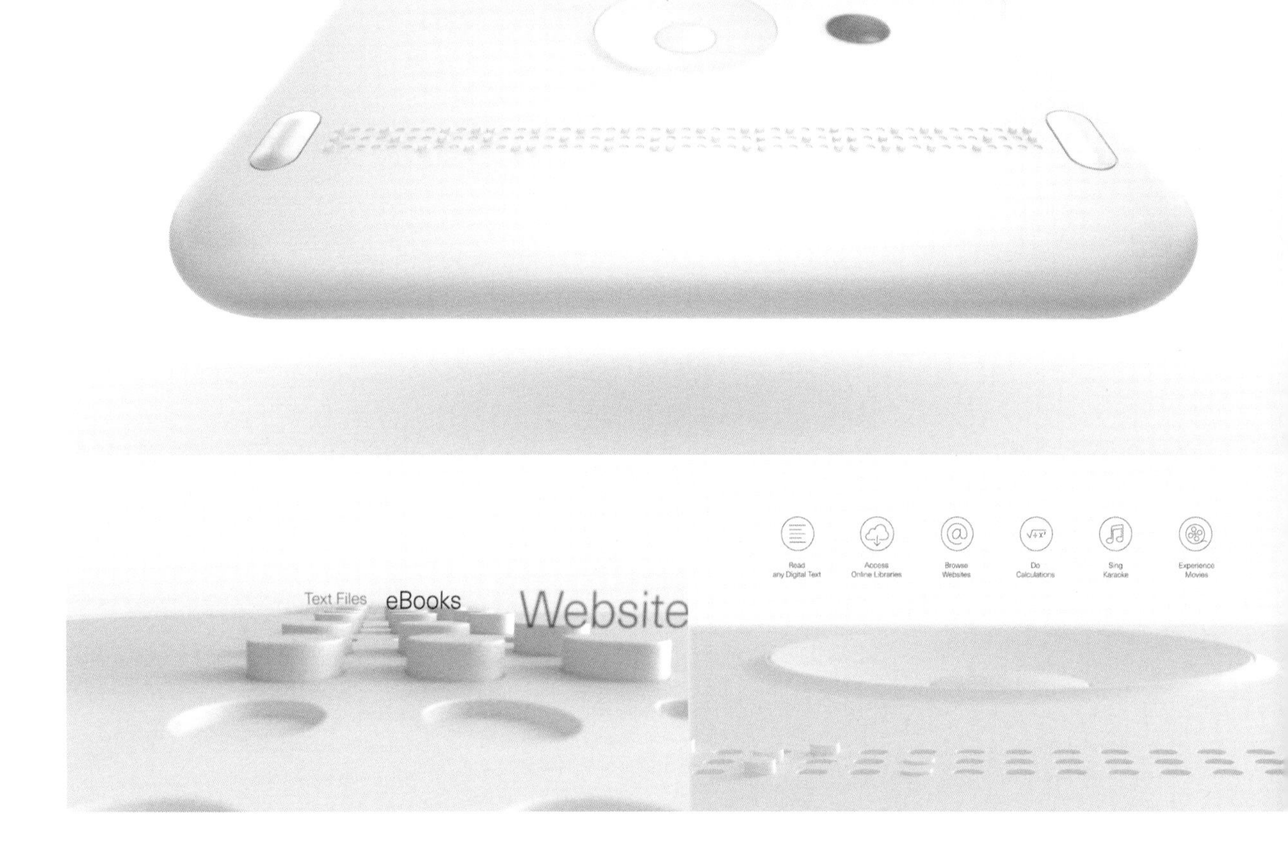
16 Cell Active Braille Display
Text Files
eBooks
Website
Read
any Digital Text
Access
Online Libraries
Browse
Websites
Do
Calculations
Sing
Karaoke
Experience
Movies

4.1.2 用户的心理表现

用户的心理表现主要包括知、情、意三个方面。“知”是指认知现象，是人们获得知识或者运用知识的过程，抑或是信息加工的过程，包括感觉、知觉、记忆、思维、想象等人类基本的心理现象。“情”是指人们在对客观事物的认识过程中所表现出来的态度，如满意、愉快、气愤、悲伤等，与人的行为表现密切相关。人与动物的本质区别在于人在认识客观事物时，不仅仅是认识它、感受它，同时还要改造它，以此产生特别的情绪或情感。“意”是指意志，是人们为了改造客观事物，有意识地提出目标、制订计划、选择方式方法、克服困难，以达到预期目标的内在心理活动过程。

心理学研究表明，了解用户的心理活动有助于分析用户的行为表现，洞悉用户的真实诉求。从用户角度来说，自身习惯与爱好形成了个人的风格与偏爱，当用户找到符合自身爱好的产品时，内心会产生极大的满足感，达到愉悦的心理状态，而这种心理状态会刺激用户对这个产品产生浓厚的兴趣和关注；相反，如果用户过于偏爱或偏执，则会导致需求过度的现象，这时就需要适当的把控；而当用户在使用产品过程中获得了糟糕或失败的体验时，便会产生一种抵触心理，将直接影响用户对此类产品的再次使用。

4.1.3 用户的个体差异

用户作为网络互动的参与主体，除了表现出感觉、认知和心理上的共同特征外，年龄、文化、生理和心理等都会让用户呈现出更多的特征分割。而这种特征分割会直接影响用户的信息接收能力和交互行为等，因此，了解用户的个体差异对指导体验设计是十分必要的。

年龄差异

年龄差异通常是指人们的心理随着年龄的增长在功能上出现的差异表现。研究最多的是智力发展的年龄差异，其中包括感知能力、记忆能力、比较和判断能力、行动和反应速度等。在视觉功能上，对静态物体的分辨力、对黑暗的适应能力、调节能力、对对比度的敏感性等方面都会因年龄差异呈现出上升或下降趋势。年龄差异会直接影响用户和产品之间的交互方式，是用户体验设计中不可忽视的研究方向和内容。

文化差异

文化差异是指用户的不同文化背景差别。文化差异受宗教、种族群体、政治立场、社会阶级、性别、民族、年龄、文学修养、艺术认知、教育程度等诸多方面的影响。文化差异直接影响用户界面与体验设计，在本书的第 3 章我们已经对用户界面的字体编排、屏幕色彩、图标和图像等方面做了相关内容的讲述，这里就不再做深入讨论。

生理和心理差异

除年龄差异和文化差异外，生理和心理差异同样不能被忽视。即使在同一年龄段和相同文化背景下的个体依旧存在着差别，如残障群体和正常群体之间，在用户体验设计中，残障人士往往需要借助辅助技术或其他手段来完成特定目标或任务，不同类型的残障群体在生理和心理上都会有明显的不同。在用户体验设计中，设计师需要在充分了解用户个体差异的基础上进行科学的创造，避免发生错误或误导。

4.2　用户体验的分类

用户体验一般是指用户对事件亲身经历时的感受或是通过亲身实践所获得的经验。用户体验涉及用户的感官、情感、情绪等感性因素，也包括知识、智力、思考等理性因素，无论事件是真实的还是虚拟的，都会在用户大脑中留下深刻的印象。

对于互联网产品来说，用户体验是用户与产品交互过程中建立起来的心理感受。在人机界面中，用户体验主要包括感官体验、交互体验、情感体验、信任体验和价值体验五种方式。

4.2.1　感官体验

感觉是人脑对直接作用于感觉器官的客观事物的个别属性的反映，是用户对产品的最初级印象。当用户面对一个用户界面且无任何使用经验时，对产品外观的感觉会直接影响用户接下来是否继续使用产品的决定。感官体验围绕着人最基本的“视觉”“听觉”“嗅觉”“味觉”“触觉”展开。

在用户界面中，感官体验主要是通过色彩、文字、图像、动效、声音、材质、媒介等方式呈现。研究发现，人类大脑的海马区是处理和储存感官信息的重要区域，相对于微小的声音、寡淡的色彩，海马区显然更喜欢嘹亮的声音和绚丽的色彩。

因此，在体验设计时，我们应该充分调动用户的各种感官体验，如营造独特新颖的界面布局、风格或主题，以及进行个性化的内容创作等，同时，还可以利用声音的独特属性丰富用户的听觉体验，提升产品使用的兴趣感和满足感。除此之外，建立良好的触觉体验也是非常重要的，是构建沉浸感和易用体验的基础，设计师可以通过与虚拟现实、人工智能等技术的结合，让体验变得更加真实和自然（见图 4-4）。尽管嗅觉体验和味觉体验在现阶段不如视觉体验、听觉体验和触觉体验应用广泛且在一定程度上受到环境、技术等条件的制约，但随着科技的不断发展，未来依然是充满想象和期待的。

图 4-4　巴黎国家自然历史博物馆沉浸式体验

>>> 知识链接

大脑海马区是帮助人类处理长期学习与记忆声光、味觉等事件的区域，负责短期记忆，发挥所谓的“叙述性记忆”功能。在医学上，海马区是大脑皮质的一个内褶区，在“侧脑室”底部绕“脉络膜裂”形成一弓形隆起，它由两个扇形部分组成，有时将两者合称海马结构。

4.2.2 交互体验

交互体验是指用户使用产品（服务）的过程中所感受到的、获得的信息内容的总和，注重用户的行为体验。好学易用、准确高效、安全友好是人性化交互体验的基本要求。

在网站设计中，交互体验主要强调用户操作的易用性和可用性，其包括完成任务的时间、效率、能否顺利、是否出错等。好的用户界面设计应能够使用户集中精力完成任务而不被界面中无关紧要的设计所干扰，并感受到流程的简洁顺畅和反馈的及时准确。

在互联网信息时代，用户期望的人机交互体验应满足可移动性、可预测性、可溯源性、可个性化等需求，能够根据用户的位置、时间、角色和任务等信息，动态地提供和谐的服务，可以为用户提供独特又新颖的交互方式等。“Nike By You”是耐克公司提供的一项体验式服务，可以允许用户自由设计属于他们的专属商品并在世界各地提供在线服务。通过“Nike By You”官网，用户可以根据自己的喜好在线自定义选择鞋的款式、配色、材质等，确认订单后便可邮寄到家。“Nike By You”成功地建立了全新的球鞋购买体验，满足了球鞋爱好者的个性化定制需求（见图 4-5）。

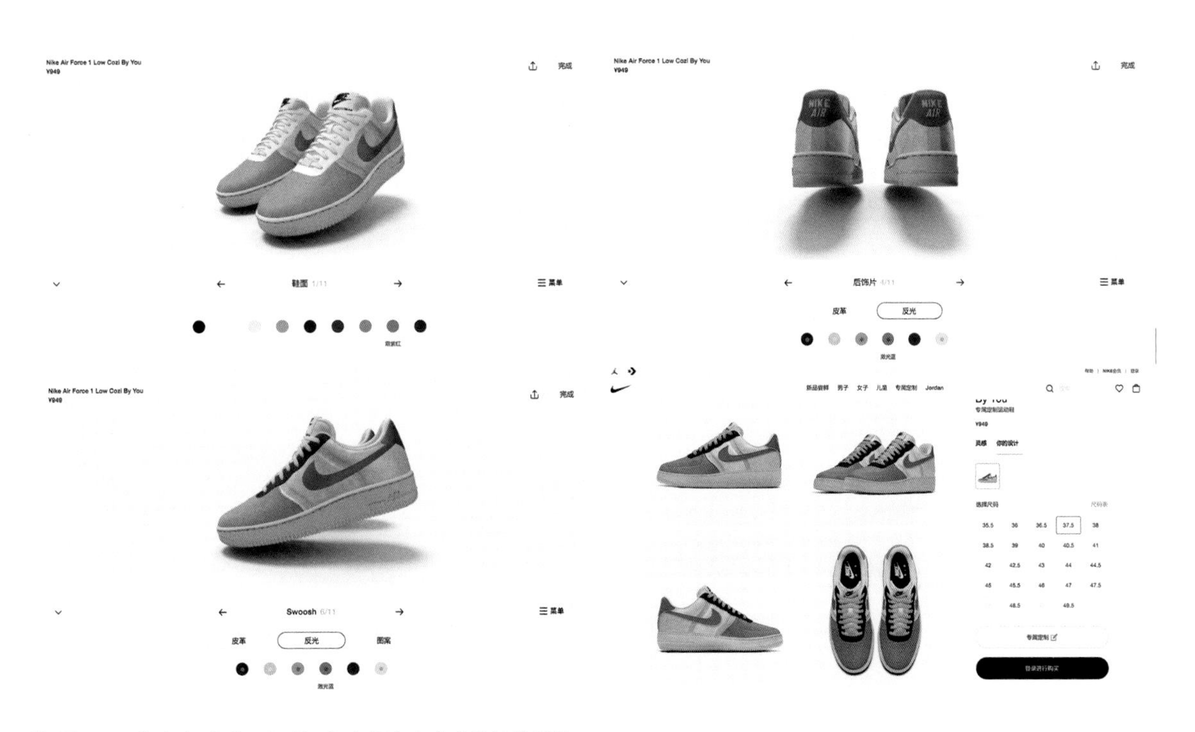

图 4-5 作者在“Nike By You”官网中自定义设计的球鞋

4.2.3 情感体验

用户的情感体验是建立在用户情感需求之上的体验，情感需求是用户在操作产品过程中所产生的感情满足和心理认同，情感体验是强调产品的设计感、故事感、交互感、娱乐感和意义感。随着互联网的普及，人们不再满足于简单的功能性需求，而是强调产品是如何带来情感体验的。因此，融入情感化设计，凸显出产品的人情味和创造力是提升情感体验的方法之一，同时，还可以适当地加入感性色彩，如增加产品的个性化、趣味化设计，使用户在使用功能的同时获得心灵的抚慰和美的享受（见图 4-6）。

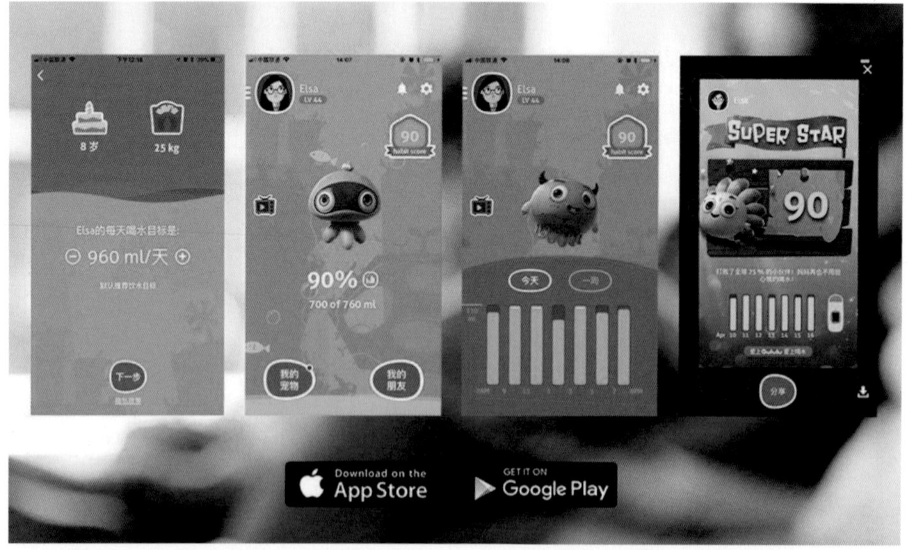

图 4-6 Gululu 是一款儿童智能陪伴型互动水杯，产品主旨是让儿童养成健康饮水的好习惯，除了满足儿童多喝水的基本需求外，又融入了完整的 IP 故事体系、饮水激励机制与生活场景紧密结合的互动内容，以及儿童轻社交属性。让儿童饮水体验趣味化、个性化和交互化，同时搭配符合儿童的审美需求的产品外观和界面设计，加深了用户的情感体验

【Gululu 儿童智能陪伴型互动水杯介绍】

4.2.4　信任体验

信任是人类能够顺利进行社会活动的重要因素之一，也是品牌价值的核心和基石。信任体验是用户对于产品可靠度的肯定，是用户使用产品的基础，也是能够发生交易的基本出发点。在产品交互过程中，想要得到用户的信任是需要突破用户诸多“心理防线”的：从满足用户基础的功能诉求到建立起用户与平台信任的关系，最后让用户对产品（服务）产生信仰与依赖感，甚至愿意持续支付以获得更多（更久）的产品（服务）和体验，因此，良好的产品使用感、合理的隐私安全保障、为产品注入丰富的情感，都可以帮助建立良好的信任体验。

可信度、准确度和体验度是建立信任体验的重要条件，其中可信度是指产品是否有真实可靠的信息来源、是否能够提供完整的信息、是否便于用户查找等；准确度是指信息来源的可信度和信息的准确性；体验度是指用户访问某个网站的体验效果，这个网站是否有用户想看到的内容、是否为用户提供一些有价值的内容。总之，信任体验是用户体验中的最高境界，是其他几种体验的综合（见图 4-7）。

图 4-7　汽车导航的准确度和覆盖率对于驾驶员来说是非常重要的，也是用户对该类型产品建立信任体验的必要条件

4.2.5 价值体验

价值体验是发现用户的需求并满足用户尚未被满足的需求，让用户能够从产品或服务中体会到源于内心的感受。简单来说，价值体验是产品或服务使用后留给用户的深刻记忆或美好回忆。

情感价值、心理价值和信息价值是驱动价值体验的三个核心要素。具体来讲，情感价值能够通过设计体验使用户产生兴趣或愉悦的积极情感，能够从产品（服务）的使用中获得益处和收获；心理价值是指用户在消费过程中能够感觉到安全、可靠和低风险，并对产品（服务）产生了信任和依赖；信息价值是指用户在交互过程中得到了自己想要了解的信息，或者是通过某一方面收获了潜在需求和知识，达到心理上和精神上的双重满足。

情感价值、心理价值和信息价值统称为价值体验，是用户与产品交互过程中获得的独特体验。这三种价值中任意一个表现突出，都可能成为该产品（服务）的特色和卖点（见图 4-8）。

图 4-8 宜家公司除了提供家居用品零售服务外，还利用科技手段改善和提升其品牌价值，提高顾客的体验价值。“IKEA Place”是宜家联合苹果 AR 技术平台打造的一款增强现实应用。用户只需将手机的摄像头对准房间快速扫描一下，就可以在房间的任何角落“摆放”选中的家居商品，此外，还可以根据消费者的喜好，为其提供个性化家居建议

4.3　让体验从“心”开始

互联网的发展极大地影响了人们的生活和生产方式，移动设备的普及让人机交互界面得到了革命性的创新发展，同时让大众对用户界面有了全新的认知和体会。在信息时代和交互时代的大趋势下，用户体验的内涵也在不断扩充和深化，应用到更加广泛的领域和行业中。良好的用户体验是用户界面发展的基础，也是设计内容、形式取材的源泉。

让体验从“心”开始，即是从人心出发，是围绕着人的行为、生活、习惯展开的设计，强调用户优先的设计模式，是“以人为本”的设计理念。

“以人为本”的设计方法是体验设计的核心方法之一，强调设计师前期周密的用户研究和准确的用户分析，以及通过视觉设计、信息设计、交互设计、情感化设计等不断迭代设计的过程（见图 4-9）。

>>> 知识链接

“以人为本”的设计也可以称作“以用户为中心”的设计，是一种吸引人的、高效的用户体验设计方法。“以人为本”的设计思想非常简单：就是在进行产品（服务）设计、开发和维护时从用户的需求和用户的感受出发，而不是让用户去适应产品（服务）。“以人为本”的设计时刻高度关注并考虑用户的使用习惯、预期的交互方式、视觉感受等。

Move and turn to fit it into place

...and Place

Select products from IKEA's collections

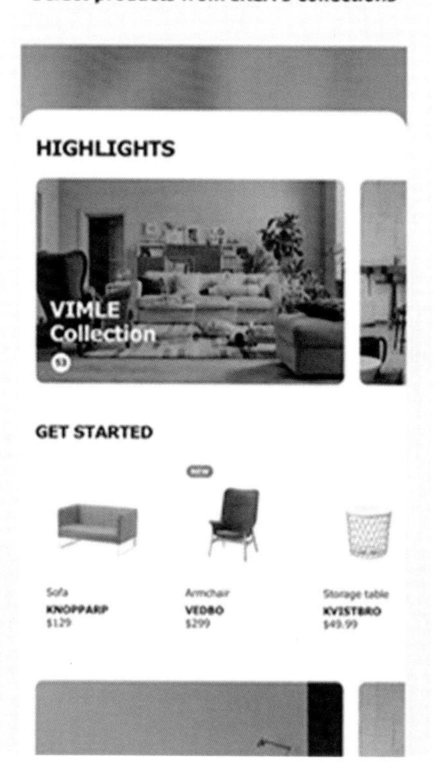

鸦妈妈哺育孩子
Mother crows nurse their young

孩子反哺鸦妈妈
The child feeds its mother

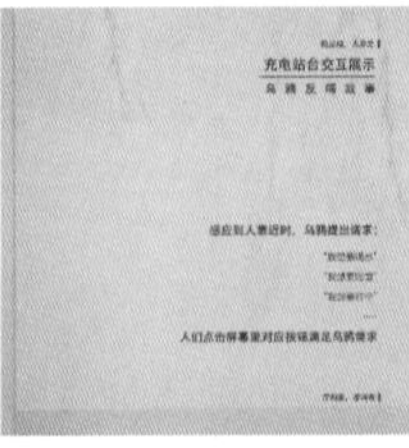

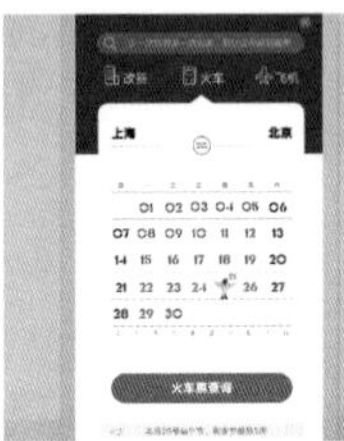

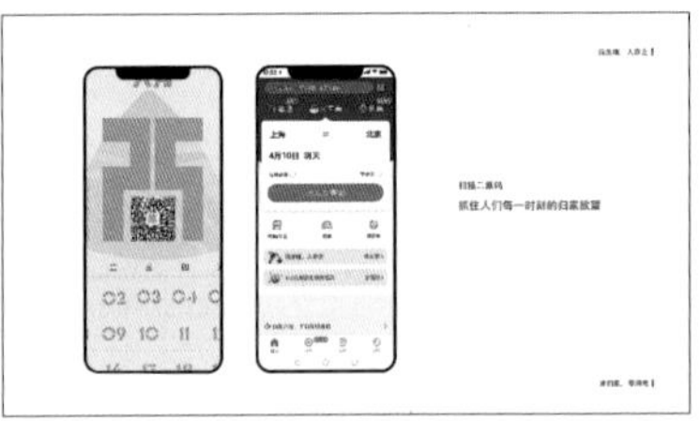
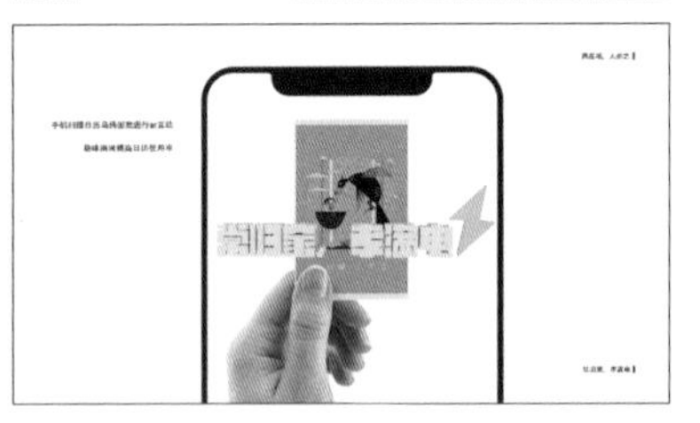

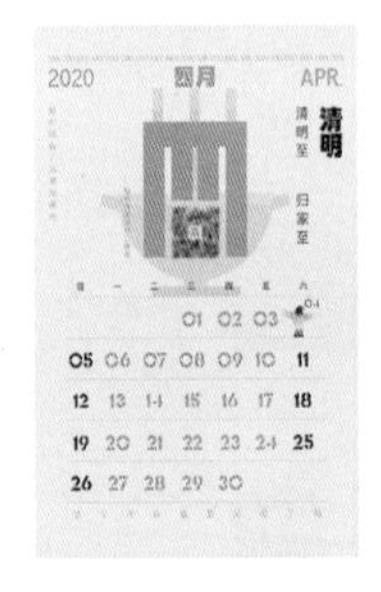
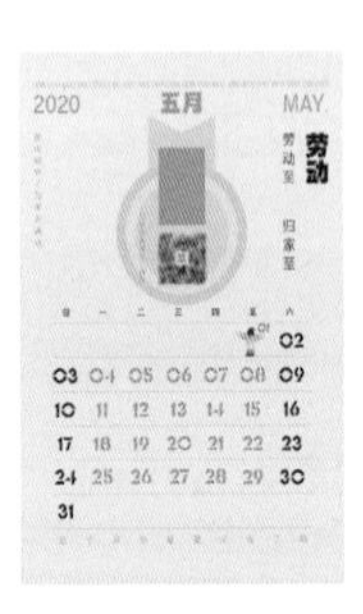

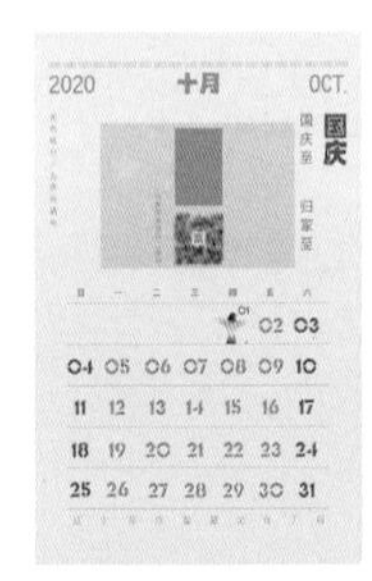
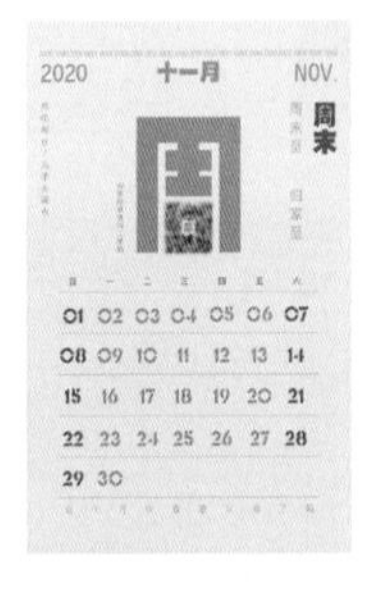
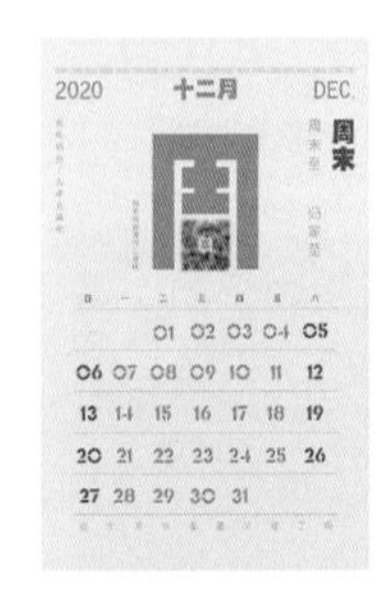

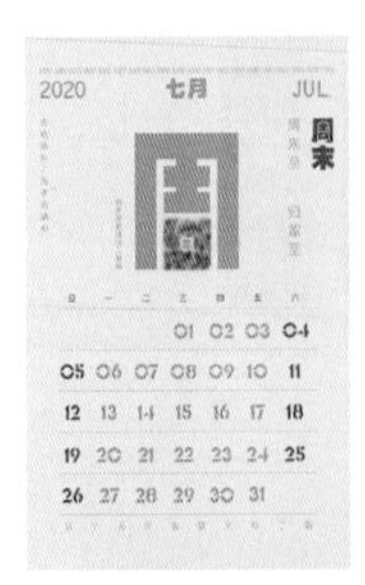
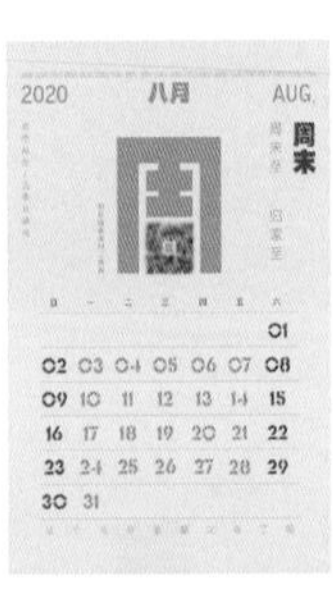
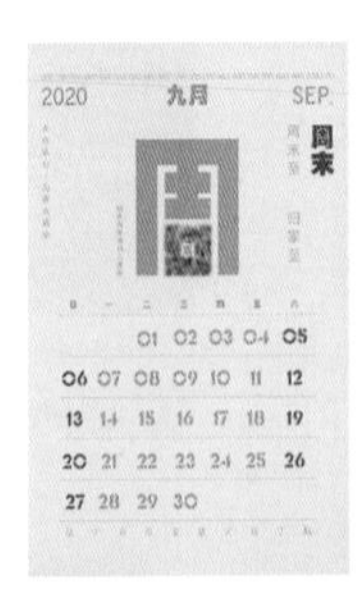
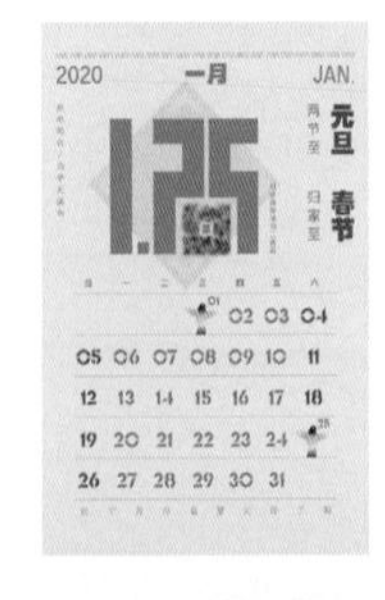
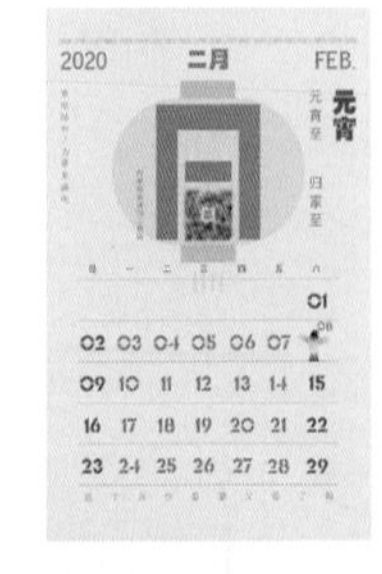
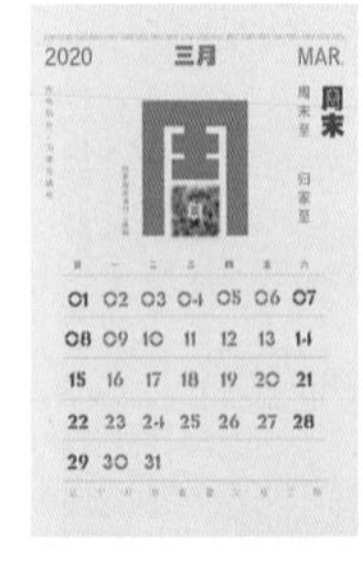

图 4-9 党的二十大报告指出，“实施公民道德建设工程，弘扬中华传统美德”。孝道是中华民族的传统美德，“为孝充满电”是鲁迅美术学院本科三年级的课程作业，是围绕“百善孝为先，孝为德之本”的命题创作的。作品以在外为了工作奔波的年轻人和远在家乡日益年长的父母为创作背景，设计出一款可以放置在车站、机场服务区内的全新互动充电装置，用户通过完成装置内“乌鸦反哺”游戏即可获得免费的充电服务，同时通过游戏互动，引导和鼓励年轻人在双休或节假日抽出时间购买一张回家看望老人的车票，以此传达“多尽孝、早尽孝”，让“常归家”成为孝顺的一种习惯的设计理念。该作品获第 29 届时报金犊奖最佳互动设计奖、银犊奖、大陆赛区一等奖；碧桂园“未来契约”青年社会设计大赛社会设计百强荣誉

作者：田梓奕　金凯君　　指导教师：赵璐　郭森　佟佳妮

单元训练和作业

思考训练

1. 在用户界面设计过程中，可以通过哪些方法来提升用户体验？
2. 列举实现用户体验设计的五种途径，并说明提高感官体验的方法。

实践作业

团队实践：以学生所在学校官方网站为研究对象，结合本章所学知识，分别从感官体验、交互体验、情感体验、信任体验和价值体验几个方面进行分析，洞悉该网站目前存在的问题，从用户体验设计的角度，提出合理的解决方案。

第 5 章

对话互联——网络时代下的用户体验设计

教学要求

通过本章的学习，学生可以深入了解用户体验的五大要素，理解和掌握如何通过这些要素来进行用户体验设计，充分理解网络时代下用户体验设计的具体表现，并从创造“心流式体验”、增加沉浸感、情感化设计、营造“互动美感”四个方面，帮助学生掌握创造心动体验的原则和方法。

教学目标

培养学生对用户体验要素的进一步认知，使学生能够熟练掌握用户体验要素的设计原则和方法，可以通过创造“心流式体验”、增加沉浸感、情感化设计、营造“互动美感”等方法提升用户体验感。

本章教学框架

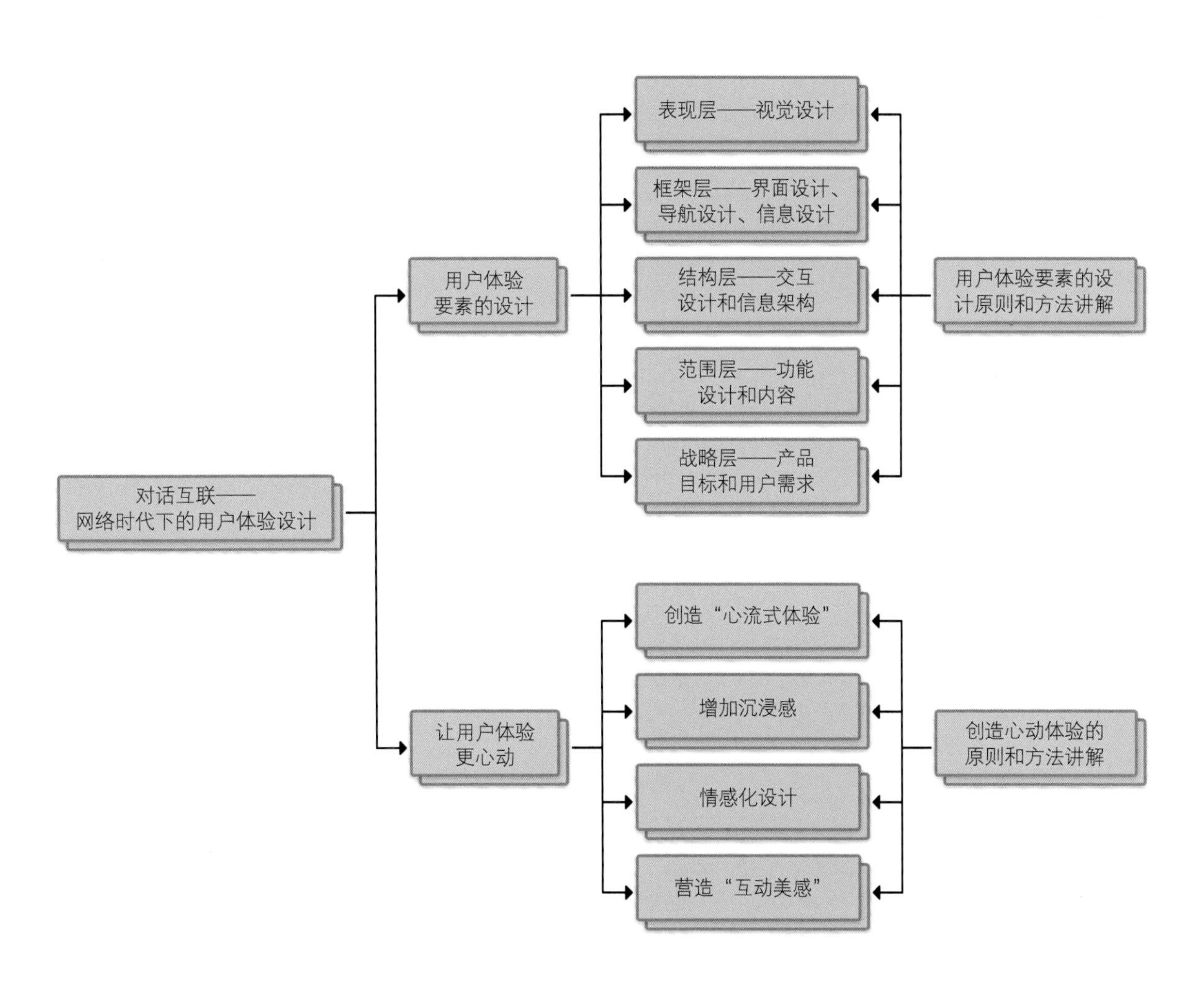

对话互联——网络时代下的用户体验设计
用户体验要素的设计
表现层——视觉设计
框架层——界面设计、导航设计、信息设计
结构层——交互设计和信息架构
范围层——功能设计和内容
战略层——产品目标和用户需求
用户体验要素的设计原则和方法讲解
让用户体验更心动
创造“心流式体验”
增加沉浸感
情感化设计
营造“互动美感”
创造心动体验的原则和方法讲解

本章引言

当下，互联网已经成为人们生活中的重要组成部分，不仅改变着人们的生存环境，还改变着人们的习惯和行为。基于互联网的用户不再仅仅是简单的消费者，而是通过与其他用户进行交互被赋予更多的属性。因此，如果抛开互联网语境去研究用户体验显然是空泛和不切实际的。

在互联网语境下，用户体验要素主要分为表现层、框架层、结构层、范围层和战略层，本章将探讨如何通过这些要素来进行用户体验设计，以及互联网时代下用户体验设计的具体表现和心动法则。

5.1　用户体验要素的设计

用户体验无时无刻不体现在用户与产品交互的各个方面，贯穿于交互设计的整个过程。在交互设计过程中，无论哪个环节的失误，都可能对用户体验产生影响。因此，设计师要充分考虑用户与产品交互的各种可能，理解用户的期望值和体验的最佳效果。为了理解用户体验设计的整个过程，我们基于杰西·詹姆士·加瑞特（Jesse James Garrett）提出的用户体验要素相关理论，从网络交互中最基本的形式（网页设计）入手来分析用户体验的要素。

5.1.1　表现层——视觉设计

表现层是网站的视觉设计。在网站设计中，表现层包括我们看到的一系列的网页界面，这些网页界面由图片、文字、动画、音乐及程序等多媒体元素构成。网页界面中的一些图片或文字是可以通过点击来执行某种功能的，如页面中的购物车图标，可以将用户引导到购买页面；某些文本信息，可以通过点击链接到另一个网页、图片、邮件或程序等；也有某些图片仅仅只是图片，比如一个促销产品的照片或网站自己的标志等。

网站的视觉设计主要是针对界面元素的图形化处理，是界面中的文字、图片、色彩、动画等元素的视觉化整合。站在用户体验的角度，如果网站在视觉表现上具有很强的冲击力，那么用户可能会花更多的时间和精力来了解和使用这个网站；同样，如果用户觉得网站设计很人性化，使用起来非常方便，也会更多或更久地访问该网站。因此，优秀的网站视觉设计可以帮助用户建立良好的用户体验。木章我们可以通过案例进一步了解在网站设计中，视觉设计是如何影响用户体验的（见图 5-1）。

Apple
galette
160 g all-purpose flour
100 g butter
3 tbsp sugar
1 tsp baking powder
¼ tsp salt
Baba
Ganou
2 medium eggplants
1/2 tsp sea salt
1/4 cup lemon juice
3 tbsp tahini paste
2 tsp minced garlic
Mushroom
Quishe
Branding
Illustrations

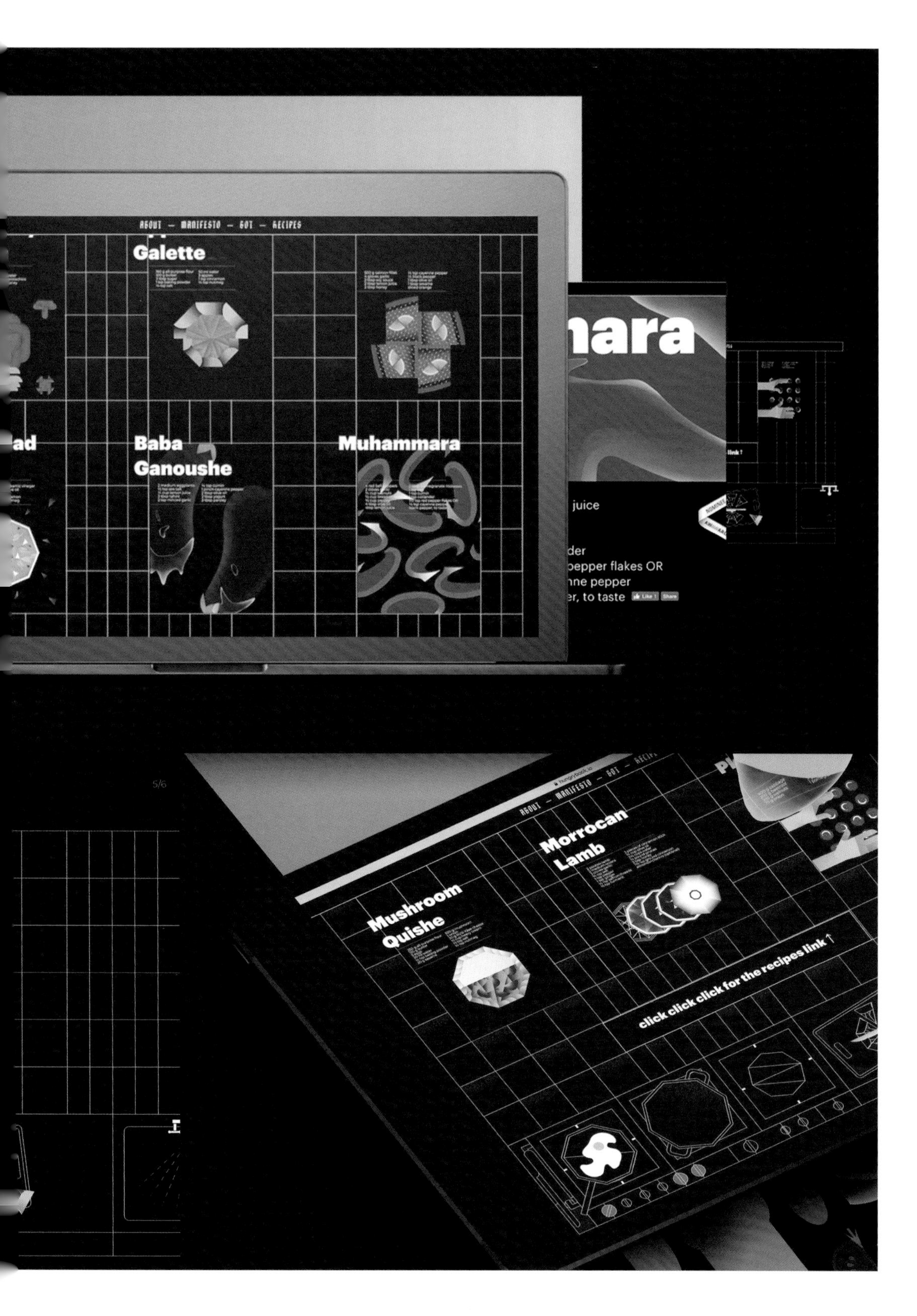

图 5-1 “饥饿的书”是关于健康饮食的创意网站，旨在通过合理的膳食搭配倡导更加健康的饮食体验和消费习惯。该网站通过生动精美的数字插画、个性的字体设计及流畅的动画效果为用户带来耳目一新的视觉感受，让原本枯燥的膳食指南变得乐趣满满

作者：Anna Seslavinskaya

5.1.2 框架层——界面设计、导航设计、信息设计

网站的框架层是利用按钮、控件、照片及文本区域位置等元素优化网站的设计布局，提升网站的使用效率，使用户在浏览网站的时候，可以轻松地找到和识别相应功能的按钮，并通过导航完成目标任务。

框架层包括界面设计、导航设计、信息设计。无论是功能型产品还是信息型产品，都必须先完成信息设计。信息设计的目的是确保网站内容被有效地传达且易于用户理解。对于功能型产品，我们通过界面设计来确定框架，也就是大家所熟知的按钮、文本及其他界面控件的安排设计。导航设计是针对信息型产品，指的是屏幕上的一些元素的组合，允许用户在信息架构中穿行。在网站设计中，框架层主要是对页面中不同的内容区域进行划分，确定网站的页面布局，是进行网页视觉设计的前提和基础(见图 5-2)。

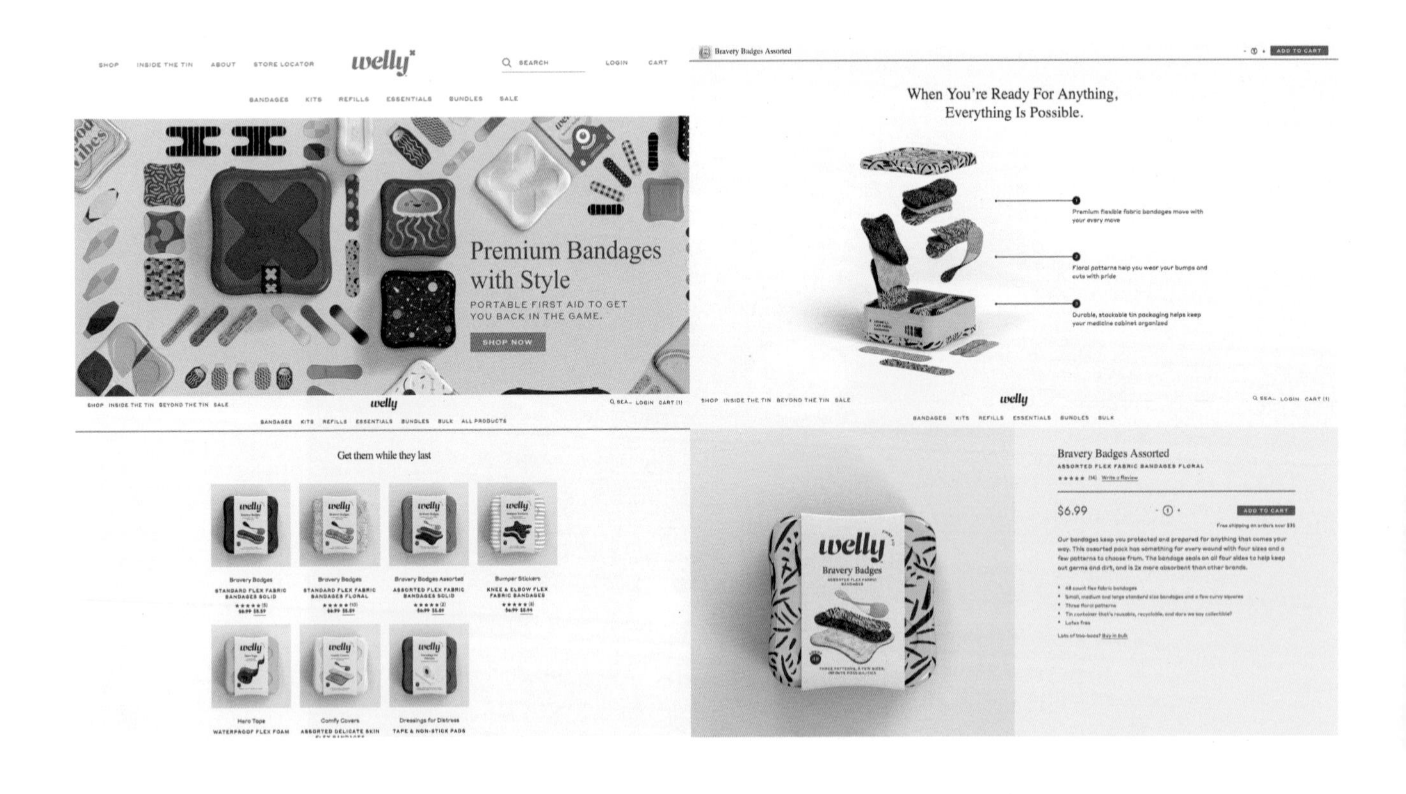

图 5-2 Welly 是售卖创可贴等医疗产品的急救用品品牌，其网站首页的导航栏清晰地固定在页面顶部，下拉菜单可展示更多的相关产品信息，并搭配生动的图片展示，让用户更加直观、清楚地了解产品，通过导航栏，用户可以轻松地找到所需产品并完成购买

5.1.3　结构层——交互设计和信息架构

紧邻框架层的是结构层。框架层是结构层的具体表现，如果说框架层决定了网站交互元素的具体位置，那么结构层就是用来引导用户如何进行页面之间的切换和交互的。框架层定义了导航栏中各要素的排列方式，而结构层则确定具体类别应该出现在哪里。

结构层包括交互设计和信息架构。交互设计是建立在用户与产品之间的一种流程和机制，帮助用户顺利地完成目标任务。信息架构则是信息空间中内容元素的分布。在以内容为主的网站设计中，信息架构着重于对组织分类和导航结构的设计，让用户可以高效地浏览网站内容。信息架构与信息检索的概念密切相关，即设计出方便用户理解和查找的内容结构。信息架构也要求创建分类体系，这个分类体系将会对应并符合网站的目标、希望满足的用户需求，以及将被合并在网站中的内容（见图 5-3）。

图 5-3　“毫末”是以振兴东北特色产业基地（商品粮食生产基地、林业基地、能源原材料基地、机械工业基地和医药工业基地）为基础而搭建的网络知识库，此页面展示了医药工业基地的拆解零件，通过点击、滑动可以进一步了解零件所代表的关键词含义

作者：冯诗莹　倪逸琳　　指导教师：赵璐　佟佳妮

5.1.4 范围层——功能设计和内容

结构层确定了网站各种特性和功能最合适的组合方式，而这些特性和功能就构成了网站的范围层。例如，很多电商网站都可以保存之前的收货地址以便用户可以再次使用它。这个功能（或任何一个功能）是否能够成为网站的功能之一，就属于范围层要解决的问题。

简单来说，范围层主要包括功能设计和内容需求。功能设计是对网站各种功能的详细说明和规划。例如，全球线上购物网站 eBay，包含了几乎所有电商网站都有的功能：产品展示功能、信息检索功能、商品订购功能、网上支付功能、信息管理功能、信息反馈功能，以及诸多的子功能。内容需求则是围绕网站中各个内容元素的具体描述，如商家对商品的宣传内容，商品的类别内容、主题活动内容等，以上这些都需要在范围层考虑（见图 5-4）。

5.1.5 战略层——产品目标和用户需求

战略层决定了网站的定位，由用户需求和产品目标决定。用户需求体现了用户的目标、价值观和愿望。在网站设计中，理解用户需求不仅需要考虑用户的感官和生理特质，还要考虑到用户的心理活动和社会处境。我们可以通过科学的方法来实现对用户角色和需求的定义（参考本书第 2 章 2.2.1 节）。产品目标是企业或设计师对整个网站功能的期望和目标的评估，体现产品旨在实现的价值。

最佳的战略设计是将用户需求、产品目标、品牌理念、设计创新、营销策略、沟通渠道和可信度等所有方面整合到网站的规划蓝图中，网站不仅是一个漂亮的封面，还是一种向用户传递信息的工具和窗口（见图 5-5）。对战略层的理解和定义直接影响着其他四层发展的方向。

以上五个层面定义了用户体验的基本框架，并且由“连锁效应”相互联系和制约，即每一个层面都是由它上面的那个层面来决定的。所以，表现层由框架层决定，框架层则建立在结构层的基础上，结构层又受到范围层的影响，范围层则根据战略层来设计。在每个层面中，用户体验的要素必须相互作用才能完成该层面的目标，并且一个要素可能会影响同一个层面中的其他要素。

限量、复古和新潮
驰骋跃动，尽在Jordan
立即购买 →

Fashion类邮税补贴
同享美国奥莱价
PCNIFFQ220 →

图 5-4　eBay 购物网站

图5-5 Namale Creations是一个珠宝品牌网站，“Namale”一词源自斐济语，意思是“独特的宝石”，也象征着品牌独有的产品特性(售卖的珠宝均使用优质的材料纯手工制作而成)。网站整体风格高贵典雅、清新脱俗，完美地诠释了品牌理念

5.2 让用户体验更心动

用户体验是用户在使用数字产品(服务)的过程中建立起来的心理感受，贯穿于人机交互的始终，也是衡量产品好坏的关键。用户体验作为用户纯主观的心理活动，尽管非常抽象，但依然可以从前人的实践经验中提炼出一些普遍适用的设计原则，这里我们称它为“心动原则”。“心动”从字面上理解，是指让人内心有所触动、令人喜欢的感觉。“心动”从用户体验的角度上理解，是指不知不觉中能让用户在触点的某个瞬间产生怦然心动的感觉。那么如何才能让用户体验更心动呢？接下来我们将从创造“心流式体验”、增加沉浸感、情感化设计、营造“互动美感”四个方面进行介绍，提出创造心动体验的原则和方法。

5.2.1　创造“心流式体验”

当人们将所有的注意力和精力全身心地投入一项活动中时，就会进入一种忘我的、高效的状态，这就是所谓的“心流”。心流（Flow）是 1975 年由心理学家米哈里·契克森米哈赖（Mihaly Csikszentmihalyi）首次提出，并系统科学地建立了一套完整的理论。心流式体验是指个体完全投入某种活动的整体感觉。当人们处于心流时，通常会进入一种深层的，近乎完全如痴如醉的状态，伴随着愉悦的感受和巅峰的工作状态。例如，在网络游戏中，玩家经常会因为高难度的挑战而进入忘我的心流状态中。创造心流式体验不仅可以带给用户愉悦感，还能增加用户的满足感。综上所述，心流已成为一个重要的用户体验原则并广泛地应用在各种设计领域（见图 5-6）。

在网络交互中，心流可以分成体验型和目标导向型。体验型的心流强调的是将网络互动当作一种娱乐方式，如在线看电影、听音乐等；目标导向型的心流则是将网络作为一种工具来完成某个目标，如在线购物、搜索等。根据用户技能水平的差异及两种不同心流类型的特点，在体验设计上应该采用不同的原则和方法。

以娱乐为导向的体验型的心流设计应该满足用户以创造性的思维来浏览和探索网站的需求，很少或根本不建立挑战，避免引起用户的焦虑。因此，体验型的心流设计主要通过视觉元素来吸引用户的注意力，从而达到心流状态。

对于目标导向型的心流设计，应当尽量减少不必要的干扰，为用户完成任务提供方便，包括使用较少的视觉元素，即时反馈，提供更多的交互设计可用性。除此之外，适当地加入娱乐元素比单纯的目标导向操作更能激发用户的心流体验，如个性化定制界面或添加故事性视觉元素等。

除上面所述，提供更多功能和任务的探索有助于心流式体验的创建，如以内容诉求为主的新闻网站，需要及时更新新闻内容并通过适当的方式吸引用户的注意；再如以功能诉求为主的线上购物网站，可以通过扩展互动功能等方式帮助用户进行商品的探索（见图 5-7）。

>>> 知识链接
可用性是交互式互联网产品（系统）的重要质量指标，指的是产品对用户来说有效、易学、高效、好记、少错和令人满意的程度，即用户能否用产品（系统）完成他的任务，效率如何，主观感受怎样，实际上是从用户角度所看到的产品质量，是产品竞争力的核心。

图 5-6 Irusu VR Cinema Player 是用于虚拟现实视频的终极 VR 电影播放器，可提供完全控制和 Imax 屏幕体验，以此为用户创造心流式体验

图 5-7 此案例是 GUCCI 品牌开发的一款基于 AR 技术的试鞋软件，用户可以事先挑选自己喜欢的运动鞋款式，将手机摄像头对准自己的脚即可查看此款运动鞋“穿在”脚上的效果。同时，还可以通过短信、电子邮件或社交媒体分享试鞋的快照

5.2.2 增加沉浸感

沉浸感（Immersion）又称临场感，是用户体验的重要维度之一，强调用户存在于模拟环境中的真实感觉。用户通过沉浸在互动产品所营造的虚拟世界中，更容易感受到心理和精神上的愉悦，并产生心流式体验。在网络交互设计中，可以通过多维感知设计、直接操作的交互和超越界面的设计三种方式来增加用户的沉浸感。

多维感知设计

多维感知设计是指利用数字媒体技术将声音、图像等元素以多感官体验的方式进行输出和设计。正如钱钟书先生所说："在日常经验里，视觉、听觉、触觉、嗅觉、味觉往往可以彼此打通或交通，眼、耳、舌、鼻、身各个官能的领域可以不分界限。颜色似乎会有温度，声音似乎会有形象，冷暖似乎会有重量，气味似乎会有锋芒。"因此，在体验设计过程中，应想尽办法调动用户的多种感官刺激（见图 5-8）。

【沉浸式用餐体验】

图 5-8　沉浸式用餐体验　TeamLab 设计团队

直接操作的交互

直接操作的交互是指在人机交互过程中通过用手指、鼠标或其他扩展意义的“手”来选择和操作对象，如移动和旋转屏幕物体、将文件拖拽到回收站、改变图片颜色和尺寸等，让用户拥有更加“真实”的操作体验，加强互动的沉浸感。例如，故宫博物院“发现·养心殿——主题数字体验展”上的虚拟试衣间，观者可以通过直接操作的方式将宫廷服饰直接“穿”到自己身上，同时还可以通过滑动、拖拽等手势和肢体动作调整体型和更换衣服款式，最后进行全景展示等（见图 5-9）。

超越界面的设计

尼古拉斯·尼葛洛庞帝在《数字化生存》一书中提出未来超越鼠标和菜单的互动界面应该是表现出超凡的聪明才智，以至于物理界面本身几乎消失不见了。这就是界面设计的秘诀：让人们根本感觉不到物理界面的存在。当你第一次和某人见面时，可能会非常注意他的相貌、谈吐和仪态，但是你的注意力很快就会转移到谈话内容上，尽管内容仍然主要通过说话的音调和面部表情来传达。因此，超越界面的设计应该是像人一样自然地存在于生活和环境中，而不是像冰冷的工具一样被使用。

随着科学技术的发展，界面的显示方式也从二维空间扩展到三维空间再到多维空间界面，人机交互越来越趋于真实的、自然的体验方式，无论何种界面都离不开先进技术的运用，特别是虚拟现实和增强现实技术的日益成熟，相信未来的沉浸式体验必将超越屏幕的界限，存在于更加真实的空间世界里（见图 5-10）。

图 5-9　故宫博物院“发现·养心殿——主题数字体验展”体感试衣。游客不仅可以通过衣服搭配和佩饰选择来了解清代宫廷服饰搭配的相关小知识，还可以利用 Kinect 体感技术进行试衣，将成套的宫廷服饰“穿在身上”

图 5-10　Meta 元宇宙时代的虚拟界面

5.2.3　情感化设计

唐代诗人白居易在《与元九书》中写道："感人心者，莫先乎情。"世界著名未来学家约翰·奈斯比特也曾提到："无论何处都需要高补偿的情感，社会中高技术的越多，我们就越渴望高情感的环境，用设计软性的一面来平衡技术硬性的一面。设计作为人的创造性活动，不是摒除激情或者情感，而是要创造一种中性的、能容纳和激起使用者情感的东西，这种东西是一种境界。"因此，好的设计一定是能引起人们情感上的共鸣或回忆的。从设计的角度看，没有情感因素的产品是冷冰冰的，是难以与人建立起联系的。一般来讲，用户在与产品互动时会产生三种不同水平的情感体验：本能体验、行为体验和反思体验，接下来将围绕这三种体验所对应的本能层次的设计、行为层次的设计、反思层次的设计逐一进行讲解。

本能层次的设计

本能体验发生在互动操作前，是用户对产品的视觉、听觉、触觉等感官体验的本能直接反应。本能体验通常是由产品的外观表现所激发的，形成用户对产品的第一印象。本能体验可以快速地帮助用户做出判断，是用户情感体验的基础，也是产品能否引起用户兴趣并产生后续体验的决定因素。通常情况下，产品的外观造型、生理的触觉、材料的肌理、重量等都会直接影响用户的本能情感反应，设计师应尽可能让产品看起来是美丽的、听起来是愉悦的、摸起来是舒适的，满足用户本能层次设计的基本要求。

本能层次的设计超越了文化和地域的限制，好的本能层次的设计会在不同文化和地域的影响下让用户达成共识。例如，苹果公司所开发的一系列产品，在外观造型、颜色、材质等方面致力于追求艺术化的设计和极致的工艺，给人以精致、简洁、大方之感，极大地激发了用户想要尝试使用产品的欲望和兴趣，这是本能层次的设计最直观的体现，也可以将它理解为“创造即刻的情感体验”（见图 5-11）。

图 5-11　苹果公司自成立以来，就巧妙地运用情感化设计吸引着大量“果粉”的追随

行为层次的设计

行为体验发生在用户与产品的互动过程中，处于情感体验的中间水平。行为层次的设计和使用有关，这时外观和原理就显得没有那么重要了，唯一重要的是功能需求的实现。无论是什么产品，都要先弄明白它的功能是什么，如果功能不能做到足够地吸引用户，即使外观设计得再精美，最终也会以失败告终。因此，行为层次的设计首要的关注点是产品的可用性，其次是产品的易用性、功能性和物理感觉。所以，行为层次的设计应该以理解用户的需求和期望为起点，强调以用户为中心的设计。

反思层次的设计

反思体验建立在行为体验之上，位于情感体验的最高水平。反思体验主要是依靠用户对产品的回想记忆和重新评估，而不是通过感官直觉产生。因此，反思体验基于用户过去的互动和生活体验经历，随着时间的推移，将产品的意义和价值与产品本身联系起来，进而产生用户对产品的总体印象。因此，从时间的角度，反思体验不仅仅存在于用户的互动过程中，更是互动之后对产品意义和价值的体会和回味。反思层次的设计更关注产品的文化意义，注重产品带给用户的感受和想法，甚至超越了可用和易用的产品特性，能够让用户从中得到情感上的满足和升华。

从应用的角度，唐纳德·诺曼将以上三个层次进行简化，以便我们可以更加清晰地了解它们与产品之间的特征关系，为建立良好的情感体验打下基础。

本能层次的设计——外观。

行为层次的设计——使用的愉悦和效用。

反思层次的设计——自我形象，个人的满足，记忆。

增加设计的趣味性是激发用户情感体验的有效方法之一。德国美学家冯·席勒认为，游戏的冲动是人类创造艺术、参与艺术的原始动力。而游戏中所蕴含的无穷趣味不仅给人类发泄剩余能量的途径，还使人类获得了精神上和情感上的享受。在体验设计中，趣味性的目标是为用户带来真实的价值，而不会是以愚蠢的音乐、伶俐的个性、眼花缭乱的视觉形式等夺人眼球，因此，在满足功能和需求的基础上，还能令人产生乐趣和愉悦的感觉，一定会让用户的情感体验正向增加。

5.2.4　营造“互动美感”

美感是审美主体对客观现实美的主观感受，是人的一种心理现象，即人类的审美意识。我们通常所说的美感是狭义的美感，即审美感受，指的是审美主体对于客观存在的审美对象所引起的具体感受。广义的美感又称美感意识，是审美主体所反映的美的各种意识形态，包括审美感受，以及在审美感受基础之上形成的审美趣味、审美观念、审美理想等。无论是狭义的美感还是广义的美感，美感体验都是多维的，并且对不同的审美客体有着不同的评价标准。

网络互动的发展为体验设计带来更多的可能性和创造性。同时，新的互动形式拓展了美感的内涵，信息科学技术将旧有的美感价值加以放大并创造新式的美感体验，特别是互联网下的美感体验不仅来自产品的静态造型、功能性和可用性，更是一种潜在地建立在用户和产品间的“互动美感”。互动美感包含外观、活动及角色的丰富性，为此，卡罗琳·哈默斯教授提出了互动美感的五个必要条件。

（1）产品功能的合适性及性能。

（2）使用者的欲望、需求、兴趣及技能（感知、认知及情感的）。

（3）一般的背景。

（4）所有感觉的丰富性。

（5）创造故事及习惯的可能性。

具体说来，这些美感要素包含了无障碍的基本沟通、用户生活经验的嵌入、与环境背景的关系、感知的多元化及经验个人化的创造和保留。由此可见，美感体验是一种涉及感官、心理认知和情感的综合体验。激发美感体验的交互设计不仅包括用户对过去经验的回顾和总结，也构成了用户改变未来、创造更深层次感官、认知和情感体验的基础和核心（见图 5-12）。

图 5-12 党的二十大报告指出，“讲好中国故事、传播好中国声音，展现可信、可爱、可敬的中国形象”。该项目是以苗族文化为背景开发的一款应用程序，用户不仅可以通过该程序领略蚩尤九黎城的秀美风光、聆听委婉动听的民乐、学习传统的文化知识，还可以通过“魔法表情”互动功能体验苗族服饰等，最后生成动态表情进行分享

作者：
朱恒 石亚婷
路雨霏
指导教师：
郭森 佟佳妮

单元训练和作业

思考训练

1. 用户体验的要素有哪些？举例说明在网页设计中，表现层、框架层、结构层、范围层和战略层分别对应哪些设计内容？
2. 用户体验中的“心动”指的是什么？设计师可以通过哪些方法创造心动体验？

实践作业

1. 单人实践：以学生所在城市或家乡为例，搜索和浏览当地特色旅游网站，按照表现层、框架层、结构层、范围层和战略层五个方面分析网页中的界面设计并撰写分析报告。
2. 团队实践：以“美丽中国，乡村振兴”为创作主题，从家乡乡村的饮食文化、传统工艺、民情民俗等方面选择一个方向进行调研，完成网页界面设计。

第 6 章

设计启发——设计师的创新“舞台”

教学要求

通过对本章案例的讲解，学生可以了解和学习优秀设计作品背后的创作思路，并从中获得启发，进而激发学生的创作灵感。

教学目标

培养学生自主探究的能力，能够从过往案例中总结经验，获得启发，拓宽眼界，提升设计能力。

本章教学框架

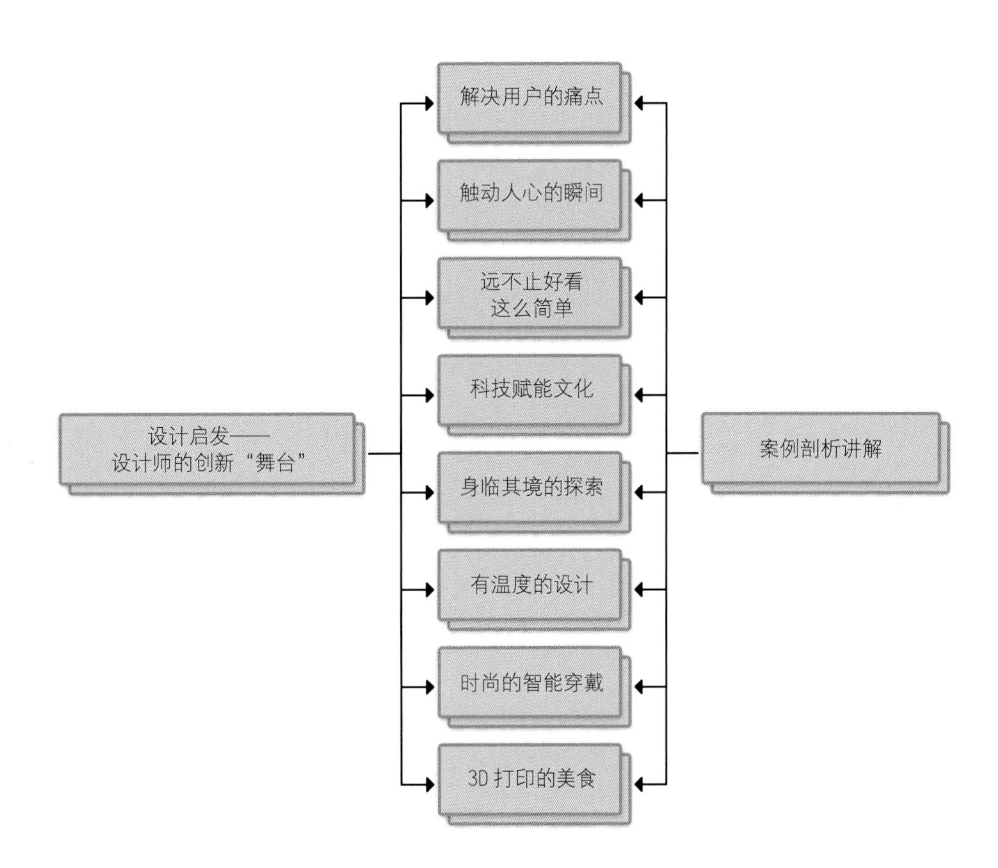
设计启发——
设计师的创新“舞台”
解决用户的痛点
触动人心的瞬间
远不止好看
这么简单
科技赋能文化
身临其境的探索
有温度的设计
时尚的智能穿戴
3D 打印的美食
案例剖析讲解

本章引言

本章从不同的角度挑选了八个用户界面与体验设计的优秀案例，从中我们可以看到设计师和设计团队为作品注入的创新想法和设计理念，希望这些创新的设计案例能够帮助大家获得启发和激励，并为未来的设计创作提供帮助。

6.1 解决用户的痛点 ——Uber（优步）用户体验设计

Uber（优步）主要为顾客提供载客车辆租赁及媒合共乘的分享型经济服务。乘客可以通过发送短信或是使用移动应用程序 Uber App 来预约这些载客的车辆，同时还可以追踪车辆的位置。此案例从 Uber App 的典型用户驾驶员出发，从体验设计的角度来分析和解读设计团队如何发现用户痛点并解决痛点的，以此构建一个合理的导航体验设计（见图 6-1）。

对于 Uber 的驾驶员而言，他们的工作之一是减轻驾驶压力，这样他们就可以专注于为每一位乘客提供平稳、无压力的乘车体验。因此，设计团队希望确保 Uber App 在使用过程中拥有最好的功能，其中最重要的功能之一便是导航系统。在导航设计过程中设计团队首先对驾驶员群体进行了采访，并且跟随驾驶员们一起驱车倾听他们的痛处。在收集了大量有关地图和导航的反馈之后，设计团队将原型分享给驾驶员，并观察他们是如何进行互动的，并从中发现问题（见图 6-2）。

图 6-1　为驾驶员设计，设计团队的工作之一就是让驾驶员减压，这样他们才可以更顺畅和无压力地去服务每一位乘客。确保驾驶员可以在 Uber App 中直接使用到最佳功能，其中最重要的一项功能就是导航系统

与此同时，设计团队建立了一个视线跟踪装置，来分析驾驶员的眼睛是如何与环境和屏幕进行交互的（见图 6–3）。

设计团队希望驾驶员在驾驶过程中既能够自由、灵活的操作，同时又能适当减少驾驶时的操作互动，确保构建更为便利的交互模式（见图 6–4）。

设计团队设计了不同的视觉效果，以便驾驶员可以在不同的行程中做出不同的动作。自定义图像、图标、定位图钉、路边指示器、路线预览等功能共同辅助整个行程操作。

除了上述功能，系统会为驾驶员自动挑选出最佳路线并进行导航。每到夜晚，屏幕还会自动切换到夜间模式，以确保为驾驶员提供最佳的使用体验（见图 6–5）。

图 6–2　设计团队在进行驾驶员导航研究和测试

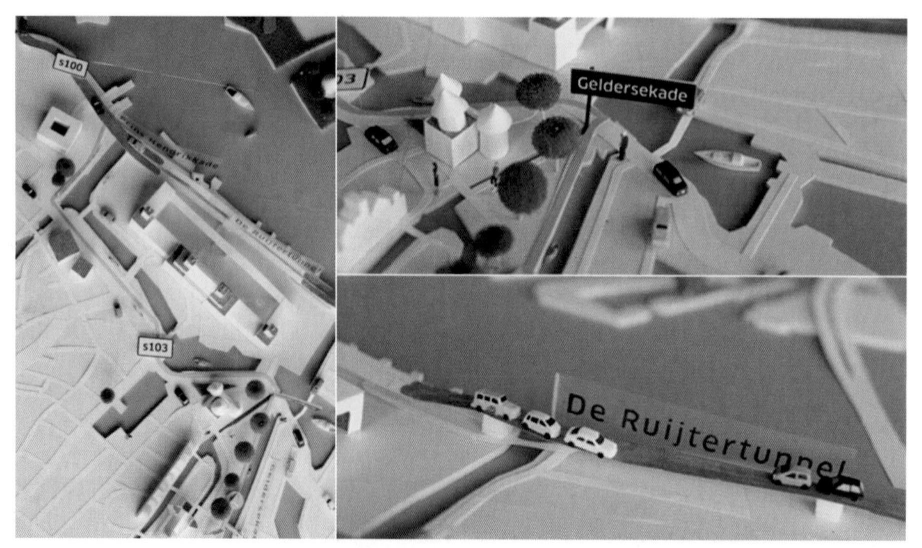

图 6–3　设计团队用纸制作的阿姆斯特丹的实物地图，并模拟典型驾驶场景和导航原型

Uber 导航是专门为驾驶员定制的，在设计过程中不断收集和总结来自驾驶员的建设性意见和反馈是非常必要的，这是为用户解决痛点最直接和最有效的办法，同时为产品优化和升级提供了必要的支持和保障。

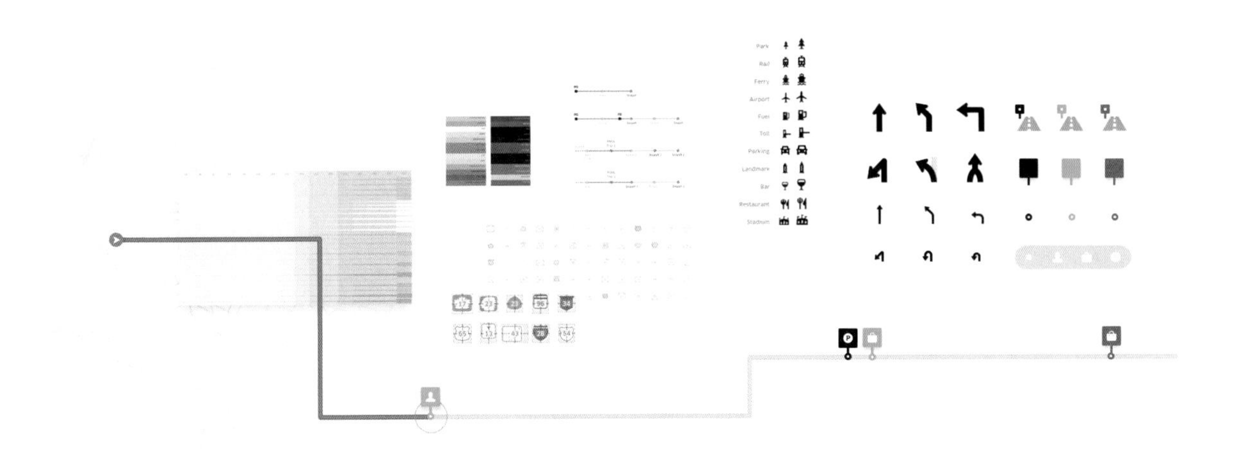

图 6-4　Uber 导航和界面组件设计

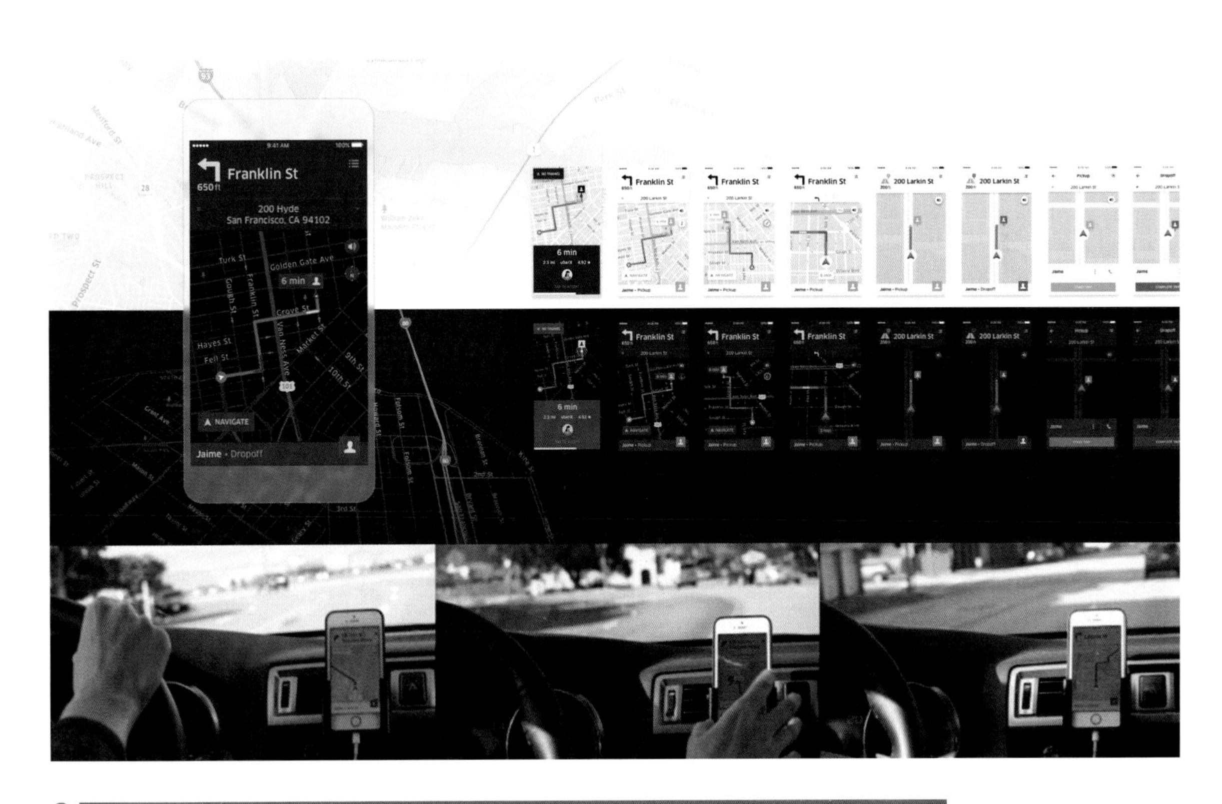

图 6-5　正常模式与夜间模式。其中一个必要的新导航功能就是夜间模式。一些驾驶员夜间开启 Uber App，一开就是数个小时。默认的日期设置可能导致驾驶员在明亮屏幕和黑暗的街道之间来回重新适应导致眼疲劳。夜间模式可以保护驾驶员免受光污染，否则这将会有安全的隐患。对于夜间模式，设计团队尝试坐在无窗、黑暗的房间里模拟驾驶员黑夜驾驶情境并分析多种配色方案。令他们惊讶的是同一配色方案在无照明房间和明亮的会议室呈现的效果是不同的。最后设计团队根据反复的模拟测试和对比选中了最优的解决方案

6.2 触动人心的瞬间
——WWF Together 世界自然基金应用程序设计

WWF Together 是一款由 WWF（世界自然基金会）开发的科普公益类 app，几十年来，世界自然基金会致力于呼吁保护濒危动物，举办了一系列筹款活动与公益项目，而这款带有一些趣味性同时具有一定科教意义的应用程序凭借其专业的内容和精致的设计获得了多项国际类奖项。

此款 app 以濒危动物的纸质造型为元素，让用户直观地认识到哪些动物

正在减少甚至濒临灭绝，旨在向用户传递动物保护的理念。通过这款应用，用户可以尝试以野生动物的视角来观察这个世界，还可以通过定位功能测量与濒危物种的实际距离。在视觉设计上，设计师以折纸暗示生命的脆弱，以此唤起人们对生命的尊重，同时，用户可以将这些精美绝伦的动物折纸造型打印出来作为装饰品。在交互体验上，除了详细的物种分布和生存环境等内容的介绍，触动人心的视觉画面及丰富的游戏互动让用户对动物保护有了更深刻的认识。该产品没有借用大篇幅的文字来呼吁，而是通过新颖的触摸跳跃式阅读，让用户像欣赏一本画册一样去感受其中的内容（见图 6-6）。

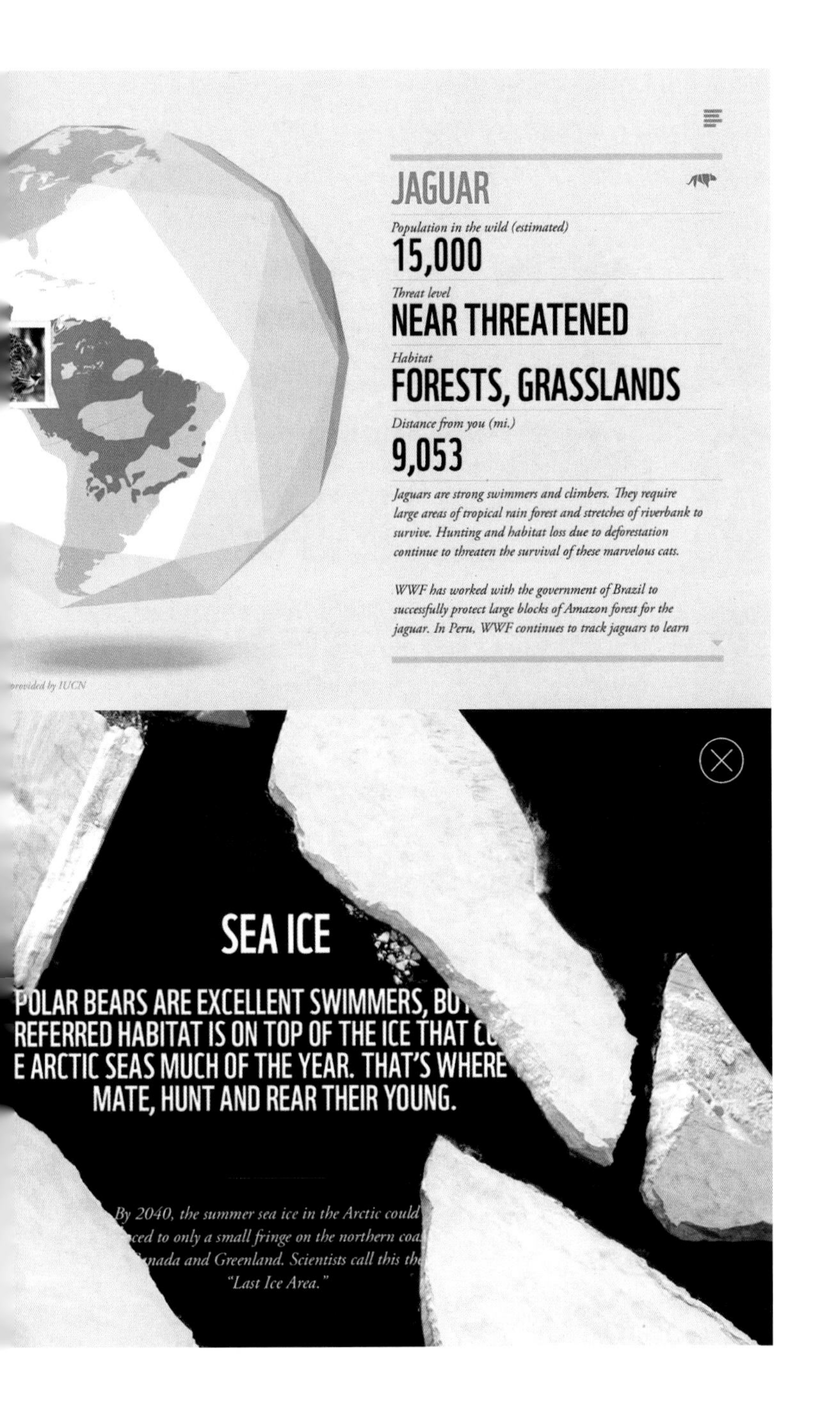

图 6-6　WWF Together 涵盖了十多种濒危动物的详细介绍，并且结合地理位置信息及互动游戏，让大人和孩子都能够更直观地感受到保护动物的重要性。通过与界面中的大象、犀牛、老虎等濒危动物进行不同形式的交互，让用户们真切地了解不同动物的习性，倾听它们的故事，感受生命的力量

【WWF Together 产品演示动画】

6.3 远不止好看这么简单 ——百度 Doodle 图标设计与体验

Doodle 原指涂鸦、漫不经心地画画，现在多指谷歌、百度等搜索引擎的创意图标设计。每逢重大节日、国际赛事或其他纪念日等，各大搜索引擎就会在首页上展示具有特别意义的图标版本。Doodle 设计的出现不仅让原本单调的搜索框变得更加生动有趣，拉近用户与品牌的距离，还为用户开启了知识探索的窗口，带来更多的快乐体验。

近年来，百度 Doodle 设计围绕科技之光、节日祝福、文化传统、世界精彩、宝藏中国等题材，表达品牌的态度和价值观。与此同时，在静态图标设计的基础上加入精美动效、声效、互动游戏、彩蛋等功能，搭配多元化的视觉风格，凸显了品牌的情感化设计理念（见图 6-7）。

【百度“宝藏中国”系列 Doodle 设计动态演示】

图 6-7 百度“宝藏中国”系列 Doodle 设计 百度设计团队

6.4　科技赋能文化
——“敦煌研究院 + 腾讯”数字文创项目

党的二十大报告指出：“中华优秀传统文化源远流长、博大精深，是中华文明的智慧结晶。”敦煌文化是古代人类文明的瑰宝，代表着中国古代文明的辉煌，是中国文化输出必不可少的内容。以“科技 + 文化”作为企业定位的腾讯，在新文创战略下，不断利用自身优势，以创新的方式连接传统文化和数字化科技。近年来，敦煌研究院联合腾讯通过跨界合作的方式不断推出上乘之作，其中“敦煌诗巾”“数字供养人”“云游敦煌”等数字文创项目更是受到了年轻人的喜爱。

“敦煌诗巾”

“敦煌诗巾”的概念来源于敦煌藻井。藻井是敦煌建筑中用来遮蔽建筑顶部的穹隆状天花，一方格为一井，故称藻井。用户可在小程序中通过交互在丝巾上层层叠叠添加图案来创作丝巾。小程序中有八款主题，二百余种元素图案装饰，每位用户可以通过图案与元素不确定性的叠加，为创作添加无数可能性，创造出不同想象力与不同审美的、独一无二的丝巾图案（见图 6-8、图 6-9）。

图 6-8　用户可以通过“敦煌诗巾”小程序，选择喜欢的图案与元素，生成属于自己的敦煌丝巾

图 6-9　用户通过“敦煌诗巾”小程序设计的丝巾图案

“数字供养人”

“数字供养人”是由中国文物保护基金会、中国敦煌石窟研究保护基金会、敦煌研究院、腾讯及新华公益共同发起。

“数字供养人”通过 H5 交互设计为用户提供了在腾讯公益平台捐款的通道，用户通过交互可以观看有关“数字供养人”的创意视频，还有可能获得智慧锦囊。项目旨在向人们传达保护敦煌石窟文物的概念，对文物开启数字化保护，以及宣传敦煌文化（见图 6-10）。

图 6-10 “数字供养人”H5 交互设计

“云游敦煌”

“云游敦煌”项目将敦煌石窟的内容进行了分类呈现和深入解读，同时还具有很强的互动性。除了可以近距离领略敦煌石窟艺术的风采、感知敦煌壁画中丰富的文化内涵和充盈的美学价值外，还可以定制专属敦煌色彩、敦煌石窟主题内容，更有每日“私人定制”壁画故事和与之契合的智慧“画”语，让经典文化更贴近生活，让古人智慧赋予日常生活更多仪式感(见图 6-11)。

图 6-11 “云游敦煌”程序界面设计

6.5 身临其境的探索——Google Arts & Culture 在线博物馆首展之 Meet Vermer

Google Arts & Culture（谷歌艺术与文化）是谷歌的艺术文化项目，通过与世界各地博物馆合作，利用 Google 街景技术拍摄博物馆内部实景，并且以超高像素拍摄馆内的历史名画，提供给用户观看。2018 年，Google Arts & Culture 上线的全新板块 Pocket Gally 推出了世界上第一座虚拟博物馆，首展 Meet Vermer 展出了三十余幅荷兰黄金时代画家约翰内斯·维米尔的作品。

用户可以通过移动设备在线浏览博物馆中的名画藏品，足不出户即可身临其境体验博物馆之旅，无论是想近距离欣赏名画还是全方位参观博物馆，只需手指轻轻点击滑动便可以做到。此博物馆中所有约翰内斯·维米尔的作品都是由谷歌的艺术相机拍摄而成的，即便是约翰内斯·维米尔尺寸最小的作品“长笛女孩”（20cm×17.8cm）都可以观赏到令人难以置信的细节。同时软件中还设计了虚拟导航，用户可以在虚拟的弗里克收藏馆（纽约）、阿姆斯特丹国立博物馆（阿姆斯特丹）和其他博物馆的走廊中游走，看看约翰内斯·维米尔的画作在博物馆中是如何悬挂的。就连英国女王伊丽莎白二世也在白金汉宫为 Meet Vermeer 项目打开了画室的大门。整个观展过程新奇有趣，流畅的沉浸式体验仿佛将用户置身于一场奇妙的艺术之旅中（见图 6-12、图 6-13）。

图 6-12　用户可以切换实景进行导航（上），模拟用户视角穿过重重走廊，欣赏名画（下）

图 6-13　Meet Vermeer 项目在线观展界面

6.6 有温度的设计——Creatability

Creatability 是 Google Creatability Lab 与美国纽约大学联合推出的一款实验性程序，它可以运用人工智能技术帮助一些残障人士进行艺术创作（绘画、音乐等）。

“声音画布”

“声音画布”实验是一个简单的绘图工具，用户可以通过人脸识别技术，运用五官、头部进行创作，也可以通过鼠标或键盘进行绘图。用户只需打开摄像头左右摇晃头部，系统就会自动根据身体上的某个点进行跟踪。整个画布空间会按照屏幕线条轨迹变成声音。例如，上升的线条会发出上升的声音，从左向右转动头部会产生从左至右绘制的线同时发出相应的声音等（见图 6-14）。

“身体合成器”

“身体合成器”实验可以将用户的身体动作转化为声音，用户只需打开摄像头扭动身体，系统会自动根据身体各个部分的移动演奏出不同的音乐。用户不仅可以通过调节灵敏度以适应运动幅度的大小，还可以通过声音改变和弦或调整乐器（见图 6-15）。

“看音乐”

“看音乐”是一个声音可视化的工具，用户可以通过麦克风输入声音或者导入音频、视频文件，画面就会根据识别的声音显示不同的路径和形状。例如，可将歌声或者钢琴曲艺术性地可视化等。这些程序都是开源软件，方便特殊用户群体享受科技带来的乐趣，进而产生轻松、愉悦的感觉（见图 6-16）。

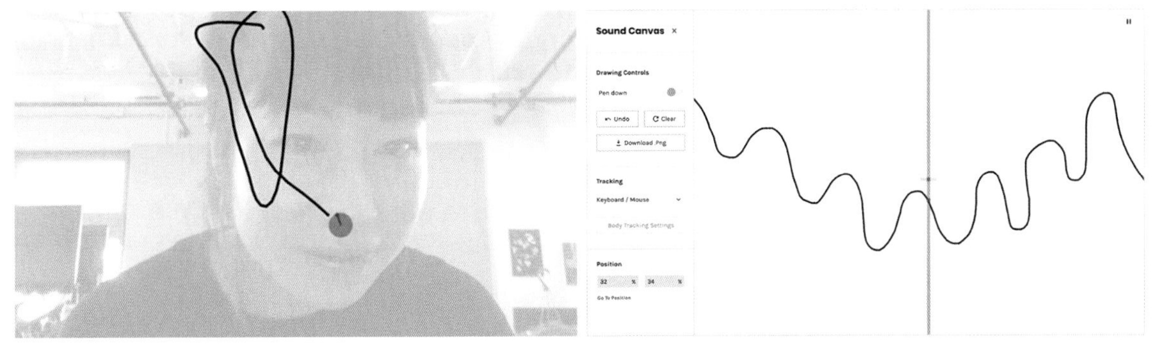

图 6-14　“声音画布”界面

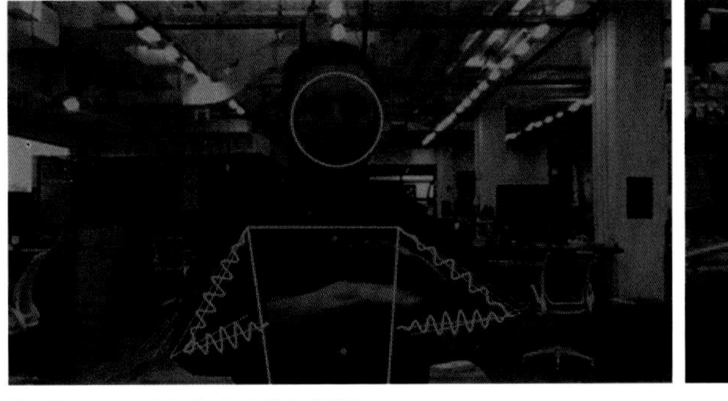

图 6-15　“身体合成器”界面

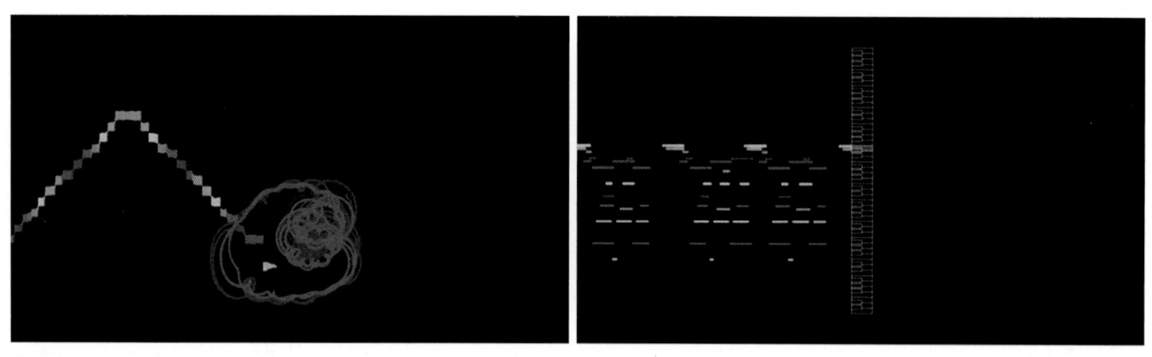

图 6-16 “看音乐”界面

“键盘”

“键盘”实验可以让用户通过不同的方式弹奏音乐键盘。例如，使用鼠标、键盘或是像“声音画布”一样通过摄像头来追踪用户身体上的某个点，用户可以自定义屏幕上音符的音阶和数量，或者通过使用 MIDI（乐器数字接口）设备控制不同乐器（见图 6-17）。

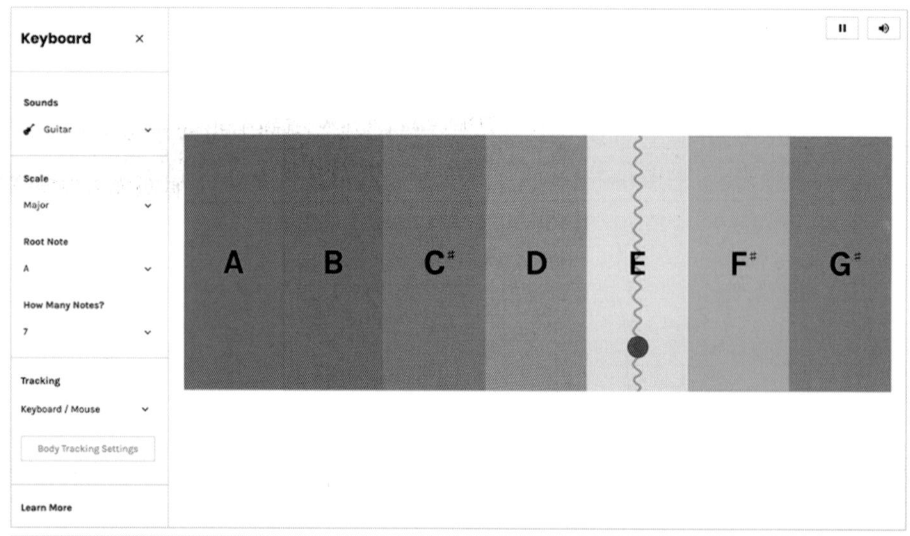

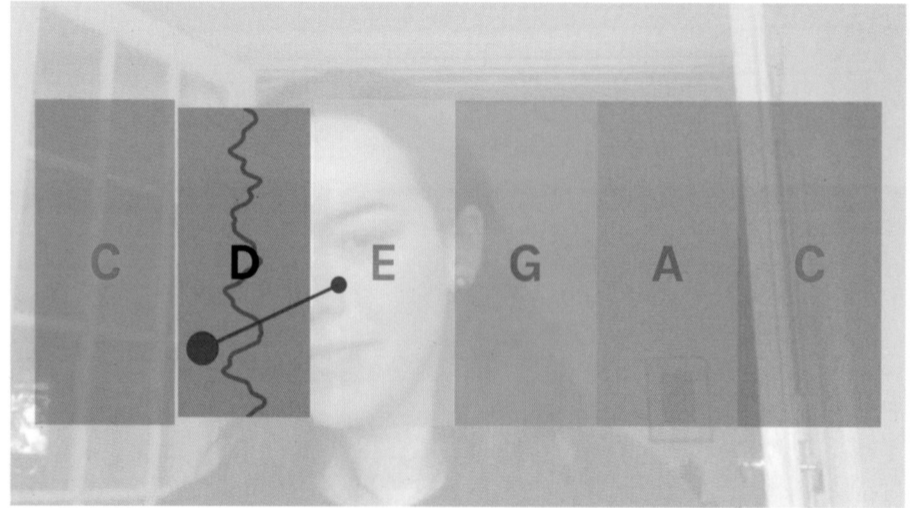

图 6-17 “键盘”界面

“号角精简版”

“号角精简版”实验是一个兼具超强表现力和适应力的乐器工具。用户可以在屏幕上使用简单的形状以不同的方式进行音乐创作，并探索最适合的模式以适应用户的布局。该实验同样支持鼠标、键盘或是方便特殊人群的摄像头智能跟踪技术输入（见图 6-18）。

“采样器”

“采样器”实验是一个可以通过脸、身体、鼠标或键盘等来演奏的工具。用户也可以根据需要导入自己的音乐样本或者通过 MIDI 设备控制不同乐器（见图 6-19）。

图 6-18　“号角精简版”界面

图 6-19　“采样器”界面

“文字合成”

“文字合成”实验可以让用户以一种有趣的方式把语音和音乐结合起来。用户只需输入一些单词，便可将它们设置为自己的旋律；也可以通过鼠标或键盘改变旋律，探索不同的声音、音阶等（见图 6-20）。该实验支持谷歌云提供的 Text-to-Speech 技术，可以将文字转换为自然而逼真的语音并生成音频。

>>> 知识链接
Text-to-Speech 是基于谷歌的 AI 技术，可以将文字转换为自然而逼真的语音，同时允许用户与应用中的语音界面进行互动，并根据用户首选的语音和语言对沟通方式进行个性化设置。

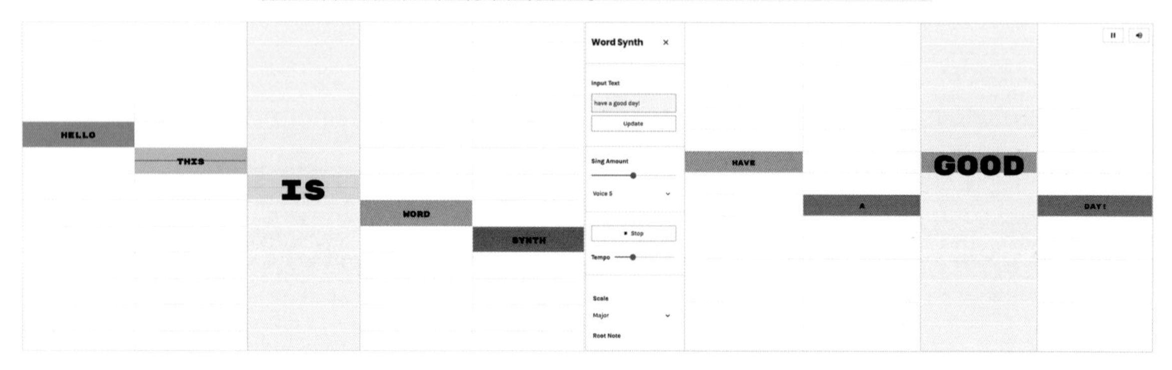

图 6-20 “文字合成”界面

6.7 时尚的智能穿戴 ——Apple Watch 交互设计

Apple Watch 是苹果公司开发的一款智能手表。在交互设计方面，Apple Watch 由于其较小的屏幕尺寸、佩戴于手腕之上、多样的交互方式等重要特性，为智能穿戴设备的可用性、易用性和美观性等方面提供了可行性的参考。例如，Apple Watch 为了保持电池全天候工作，当用户手腕下垂时，屏幕将自动变暗，但仍然保持其指针可见功能。当用户触摸肌肤或者举起手腕时，显示屏会自动变亮。

Apple Watch 不会因为屏幕尺寸变得过于窄小而限制其功能，用户依然可以通过表盘屏幕找到所需要的信息内容，无论是计时器、天气信息、指南针等工具类应用，还是噪声监控、心率、呼吸、锻炼等健康类应用，用户都可以自然、顺畅地找到所需软件并完成交互。考虑到尺寸问题，设计师充分利用手表侧面的数码转轮，让用户可以轻松地控制界面中图像的大小或进行移动。

Apple Watch 将众多惊人的功能整合到一起，尽管在一个狭小的空间中显示，却依旧不影响它的强大功能。与此同时，时尚和可定制的外观设计，允许用户根据喜好自行创建和搭配符合个人审美的专属手表，强调用户个性化体验的同时，为用户提供一个全新的、美观的、愉悦的人机交互方式（见图 6-21）。

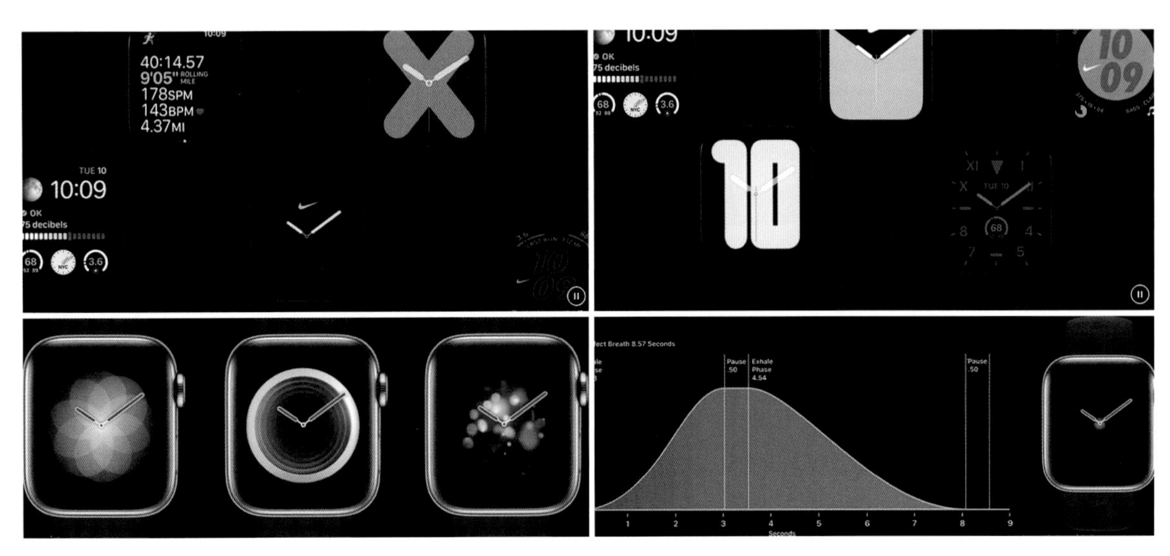

图 6-21　Apple Watch 外观及部分界面设计

6.8　3D 打印的美食——Sushi Singularity 全新用餐体验设计

Sushi Singularity 是日本新创公司 Open Meals 结合基因组学和 3D 打印技术，为顾客量身打造的寿司餐厅概念，是设计师对未来用餐体验设计的全新畅想和大胆尝试。

它的特别之处在于当顾客预约之后，顾客会收到一份健康检测套装，并在用餐前约两周内提供唾液、尿液、排泄物等样本。餐厅会根据顾客提供的样本来分析用户的健康数据，判断顾客体内所缺乏的营养元素，然后通过 3D 打印技术为每位顾客量身定制营养寿司。当顾客进入餐厅后，也可以通过人脸识别技术获取顾客的相关数据，并根据数据为顾客合理地配备专属美食（见图 6-22～图 6-24）。

图 6-22　Sushi Singularity 餐厅用餐场景

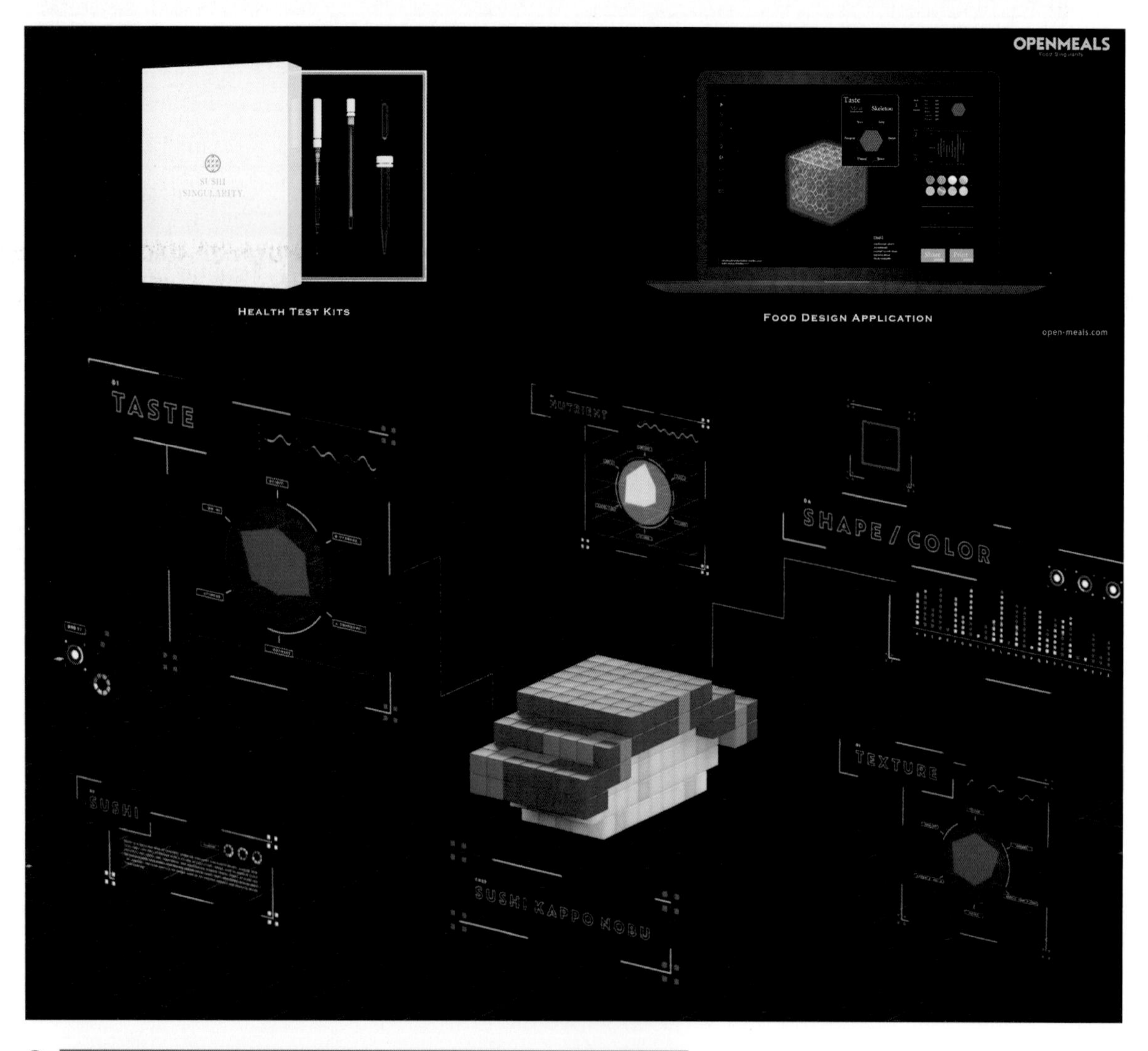

图 6-23　Sushi Singularity 餐厅菜单中的寿司单品将先进技术发挥到了极致：以格状结构呈现的细胞培养金枪鱼、用 CO_2 激光硬化的海胆粉末，以及由速冻鱿鱼制成的高精细日本城堡模型。当然，这些还只是 Open Meals 公司所分享的寿司概念的一部分

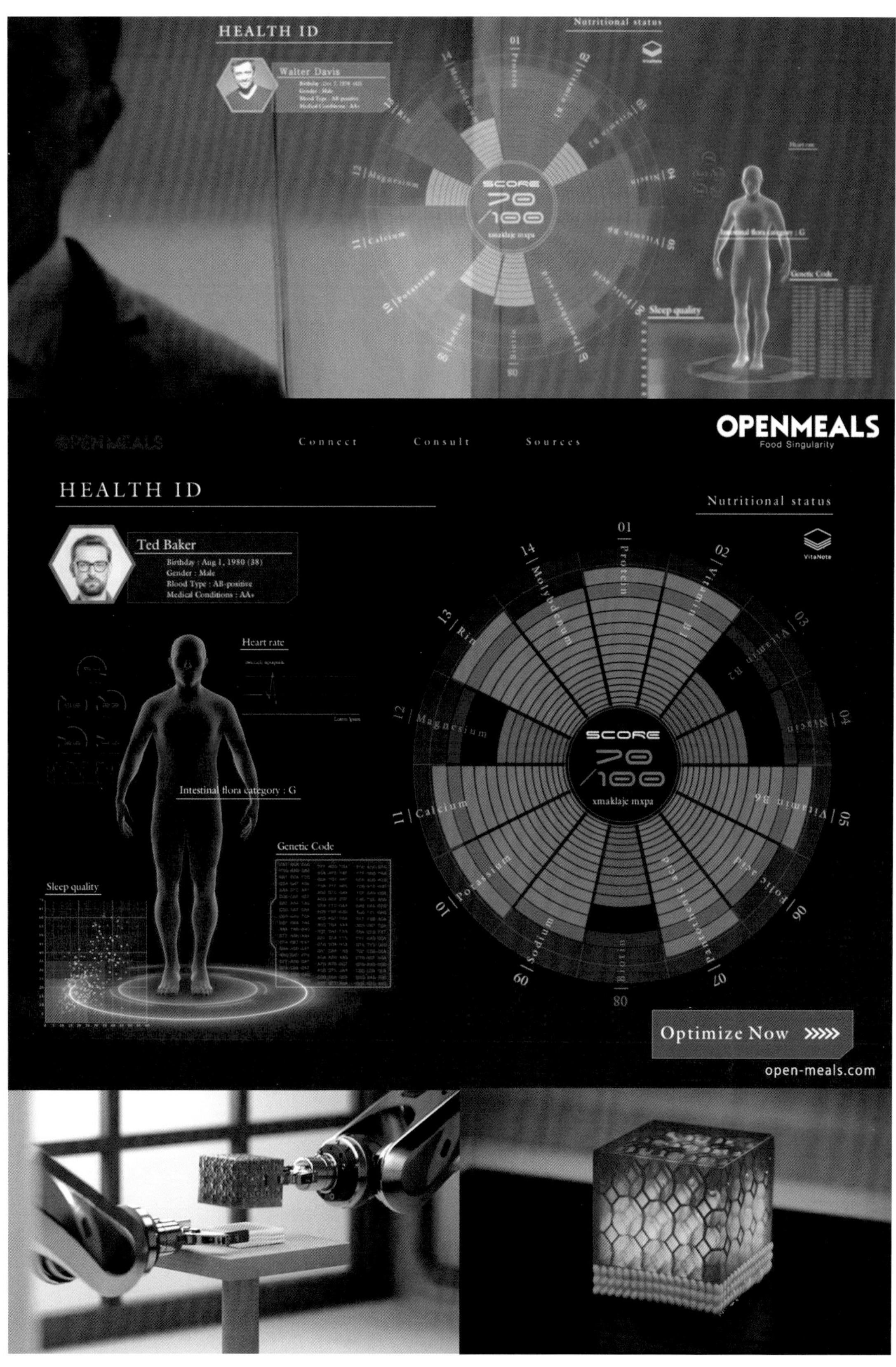

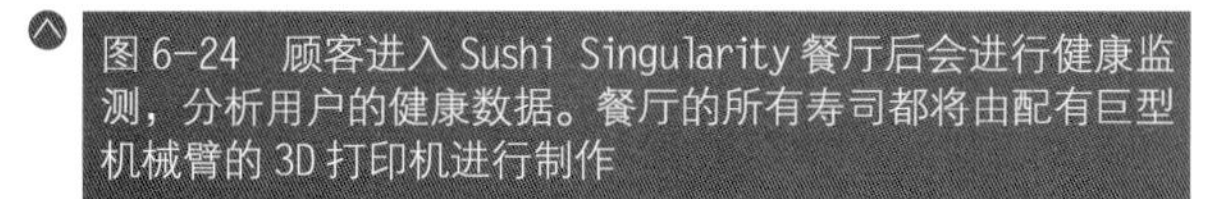
图 6-24　顾客进入 Sushi Singularity 餐厅后会进行健康监测，分析用户的健康数据。餐厅的所有寿司都将由配有巨型机械臂的 3D 打印机进行制作

【Sushi Singularity 餐厅体验视频】

参考文献

加瑞特，2007. 用户体验的要素：以用户为中心的 Web 设计 [M]. 范晓燕，译 . 北京：机械工业出版社 .

库伯，等，2015. About Face 4：交互设计精髓 [M]. 倪卫国，等译 . 北京：电子工业出版社 .

李四达，2015. 数字媒体艺术概论 [M]. 3 版 . 北京：清华大学出版社 .

麦克卢汉，2000. 理解媒介：论人的延伸 [M]. 何道宽，译 . 北京：商务印书馆 .

莫格里奇，2011. 关键设计报告：改变过去影响未来的交互设计法则 [M]. 许玉铃，译 . 北京：中信出版社 .

尼葛洛庞帝，1997. 数字化生存 [M]. 胡泳，范晓燕，译 . 海口：海南出版社 .

诺曼，2015. 设计心理学 3：情感化设计 [M]. 2 版 . 何笑梅，欧秋杏，译 . 北京：中信出版社 .

伍德，2015. 国际经典交互设计教程：界面设计 [M]. 孔祥富，译 . 北京：电子工业出版社 .

Khoi Vinh，2011. 秩序之美：网页中的网格设计 [M]. 侯景艳，译 . 北京：人民邮电出版社 .